高分子こぼれ話

―ペットボトルから、繊維まで―

橋本 壽正

アグネ技術センター

序文

　親族や知人と話す機会があると，筆者が理工系の学生であることや，大学教員であることを知ると，判で押したように「ご専門は何ですか」との質問を受けました．よほど質問に困ったのだろ．一種の挨拶のようなものと分かっていても，さて回答には窮することが多かったと思います．

　そんな個人的な体験もあって．大学の講義で学生によく言ったのは，故郷に帰ったら両親に研究分野の具体例をあげて説明できるようになることを一つの目標にしようということでした．自分のことを説明するのがいかに難しいか，いまの研究分野に至るまでの道のりでさえ，「行きがかり上」「たまたま」「仕方無く」「いやいやながら」「たのまれて」などなどの偶然が重なったもので，強い意志で初心を貫いたわけでは無かったことに愕然とすることもあるからです．

　世界は1960年代に科学技術の新しい時代の幕開けを迎えたと思います．トランジスタの普及とコンピュータ技術の勃興は，あらゆる産業に影響を与え，原子の火をともして永遠のエネルギーを手に入れ，遺伝子工学は全ての病を治し，月まで人を送り込んで宇宙までを制覇するのだという意気込みがありました．無謀にも科学万能を信じようとした時代でもありました．

　そんな時代に先駆けて，SF映画や小説に親しみ，宇宙から来る細菌と戦ったり，地球に衝突する小惑星を破壊したり，危機を間一髪回避させる科学者たちに憧れていたことが，強いて初心と言えば初心です．なにか役に立つ技を身につけて世の中に出たいという「将来，電車の運転手になる」と同程度のたわいのないことが，進学先を決めたりするものです．

　物性の分野では，物質(材料)に一定の刺激を与え，その応答から性質を知る線形応答理論といわれる体系がベースにあります．壁をたたいて，堅さを知ることと同じです．こうして材料を知れば，設計も制御も自在に扱えると信じるわけです．どうもこのあたりは二元論を下敷きにしたキリスト教文明の匂いがします．東洋哲学では，「一寸の虫にも五分の魂」に象徴されるように，人間もまた自然の一環であり，物質とともに輪廻を構成しているという観念があります．そういった観点にたてば，材料学は自然を征服して有益な材料やエネルギー生み出して人間のために役立たせるものと考えるのではなく，人間と物質との

対話を重んじようという態度です．悪玉の筆頭でもあるセシウム137ですら，なにか言い分があろうかと思う心．人間に牙をむくのは，どこかで対話にミスマッチがあったのだろう．人間が自然の全てを支配下に置こうとする傲慢が，どこかでしっぺ返しを食らい，我々もまた一材料にすぎない知るべきなのだろう．

自然もただ人間に刺激されて応答する対象になっているだけではない．大津波だって，人間以前の太古から活動していたわけで，むしろ人間社会への自然からの刺激となっています．その応答を巡って右往左往しているのが人間です．そういった意味で，「3.11東日本大震災」は，科学技術の役割を科学者自身で考え直す機会となったかもしれません．科学技術は，過去の知識をベースとして，世界共通の普遍性を獲得して，人間を豊かにすると信じるほかはないと一人合点しています．

ただし，本書であつかうのは，筆者が関係した工学系のさらに狭い材料系の，教育・研究から得た個人的なものに限ったものです．とても一般化したものではないことをお断りしておきます．本書ではあえて高分子材料という用語をたくさん用います．高分子物質となりますと，もっと一般的な分子量の大きな有機物質という概念用語になりそうです．材料が付くと「実際に使われる」というニュアンスが付加されて，目的や機能に重きを置いた使い方になりましょうか．最近，科学技術ではなく，科学・技術とか，理工学ではなく，理学・工学とか何かと区別したがる向きもありますが，あくまでニュアンスの問題で研究現場ではあまり意味がありません．

高分子の一般的な特徴をまとめると，やわらかくて丈夫，透明または乳白色，軽くて割れない，錆びない，薬品に強い，熱には弱くて溶けやすい，燃える，安価といったところでしょう．もともと身近にあった，ガラス，木製品，金属製品との比較で捉えていることが分かります．特徴は，利点でもありまた欠点でもあります．乳幼児の弁当箱や哺乳瓶は，衛生面安全面からプラスチックの独壇場ですが，燃えやすいという欠点は，家庭内の火災にとってであり，ゴミ処理となると燃えた方がありがたいという面もあるわけです．賢い選択によって材料間の競合と共存がきまるわけです．

筆者が高分子学に足を踏み入れたころはプラスチックの語感には，「代用品」といったニュアンスがありました．マイク・ニコルズ監督の映画「卒業」で，主人公の父親が「これからはプラスチックの時代だよ」と言う場面があって，妙に元気づけられた気がしたものでした．

目次

序文　*i*

1. 高分子と熱 －論より証拠－　*1*

　　はじめに　*1*
　　高分子量　*3*
　　高分子材料と構成元素
　　－炭素と水素，ときどき酸素と窒素，たまに塩素とフッ素，ほかは稀－　*4*
　　高次構造　*6*
　　結晶化度と配向度　*8*
　　実際になると…　*10*
　　熱物性とデータベース　*11*
　　マイケル・ファラデー著「ロウソクの科学」　*12*

2. ペットボトルの科学 －覆水は盆に返らず－　*15*

　　プラスチックボトルのデビュー　*15*
　　容器　*16*
　　ワイナリー　*17*
　　ペットとペットボトル　*20*
　　ボトルの口はなぜ白いか　*23*
　　炭酸ガスを通す　*24*
　　リユースとリサイクル　*25*
　　三者（金属，ガラス，PET）の比較　*26*
　　アイザック・アシモフ　*27*

3. 音楽と高分子 －嘘から出たまこと－　*29*

　　音楽は生で？　*29*
　　録音技術　*30*
　　塩ビの時代　*31*
　　PMMAの時代　*32*
　　CD一族の勃興　*33*
　　材質と音質　*35*
　　楽器の代替えはどこまで進んでいるか　*36*
　　スピーカー　*37*

　　　　音楽家との対話　38
　　　　近松門左衛門　41
　　　　椿姫　43

4. 永遠のセルロース－故きを温ねて新しきを知る－　45
　　　　人類とセルロース　45
　　　　セルロースの性質　46
　　　　セルロースの再生利用　48
　　　　セルロース系の高分子材料と応用　49
　　　　グーテンベルク　51
　　　　老眼鏡　52
　　　　焚書　52
　　　　世界の変動へ　53
　　　　西暦1500年　54
　　　　『華氏451度』　56
　　　　印画紙　57
　　　　紙の時代は終わるのか　58

5. 熱と伝熱－羹に懲りて膾を吹く－　61
　　　　「熱とは何ですか」　61
　　　　熱と熱力学と熱エネルギー　63
　　　　熱力学　65
　　　　物質は熱が逃げるのを嫌う　67
　　　　接着剤とは　68
　　　　衣服と熱　70
　　　　調理と熱　72
　　　　住居と熱　74
　　　　鴨長明『方丈記』　76

6. 研究－装置化－起業－標準化－窮すれば通ず－　78
　　　　エネルギーと熱　78
　　　　熱伝導測定法　79
　　　　温度波法　83
　　　　標準化へ　86
　　　　特許について　88
　　　　ベンチャー立ち上げ　89

原理原則から製品へ　90
　　　小型テスター型装置の誕生　91
　　　ISO成立　95
　　　茶の本　95

7. 炭素原子のオデッセイ－かわいい子には旅をさせよ－　99
　　　有機材料は炭素でできている　99
　　　炭素の輪廻　100
　　　自然界の炭素材料　102
　　　アーティフィシャルな炭素　104
　　　炭素繊維の作り方　107
　　　複合化　110
　　　宇宙の旅　111

8. 原宿散歩－青は藍より出でて藍よりも青し－　114
　　　はじめに原宿ありき　114
　　　竹下通り　114
　　　東郷神社　117
　　　赤と黒　118
　　　キャットストリート　120
　　　表参道　121
　　　根津美術館　125
　　　太田記念美術館　126
　　　明治神宮　127
　　　まとめは「アリス イン ワンダーランド」　128

9. 電子を支える高分子－備えあれば憂いなし－　130
　　　高分子に期待される性質　130
　　　誘電と導電　131
　　　極性と分極　133
　　　エレクトレット　135
　　　絶縁破壊　136
　　　湿気・水　137
　　　静電気　138
　　　接着剤と両面テープ　140
　　　照明と電子基板　141
　　　寺田寅彦全集　142

10. 光と高分子 －百聞は一見にしかず－ 145
　　透明性とは　145
　　アクリル樹脂　147
　　レンズとして　149
　　眼鏡とコンタクトレンズ　150
　　色をつける　151
　　光ファイバー　152
　　偏光と結晶化・配向　153
　　赤外カメラ　155
　　熱の可視化　157
　　中谷宇吉郎著『雪』　159

11. 食と高分子を考える －彼れを知り己れを知れば百戦して危うからず－ 161
　　食と高分子の密接な関係　161
　　食品包装用ラップ　162
　　機能膜　165
　　逆浸透膜　166
　　水を磨く　167
　　冷蔵・冷凍保存　169
　　農水産業分野での高分子　171
　　食品容器と安全とゴミ問題　172
　　孫子　173

12. 高分子の安全性を考える －初心忘るるべからず－ 175
　　安全性をもっと高めて　176
　　寿命予測　178
　　巨大な地震の影響　179
　　循環型の社会　181
　　神々の黄昏　183
　　風姿花伝　185
　　まとめ　186

　あとがき　187
　　付録　SI単位　189
　　　　10の整数乗倍を示すSI接頭語　190
　索引　191

1 高分子と熱 －論より証拠－

はじめに

　筆者は，高分子材料の結晶化研究を卒論テーマとしたことをかわきりに，主に熱物性と電気物性をテーマとしている大学一筋の研究者です．高分子というと重合など化学反応の学問というイメージですが，主に新規の測定法の開発や解析法に興味をもって，材料開発の本質は，モノづくりと物性評価法の両輪の連携が必要との信念から，製造へのフィードバックに重点を置いて研究に取り組んできました．材料はある目的を持って使われることが最大の使命です．大学の研究者である筆者が，社会との接点を求めて，単に論文としての発表にとどまらず，装置として市販し，開発現場との対話を重視してきました．現場では理屈や装置が欲しいのではなく，データが欲しいのです．いわば論より証拠といったところでしょうか．

　わたしたち大学人は，論を教わり，論を教えて来ました．たとえば，大学の初級では，物理化学を教えるところが多いようです．商売柄たくさんの物理化学の教科書を読みましたが，やはり最初に勉強したムーアの物理化学が印象的ということは教育の怖さでもあります．さて，その熱力学第二法則の章の冒頭「蒸気機関が科学の恩恵をこうむっているよりずっと科学は蒸気機関のおかげを受けている」という一文が挿入されていました．現実はまったなしで進行していくので，学問にとっても重要な牽引力ということでしょうか．

　材料研究とは，論と証拠の間にあって，工学の下積み的な存在ですが，機械工学．電子工学，建築学といった華やかさがなくとも，いずれ花咲く日が来ることを信じてきました．白川英樹先生のノーベル賞[注]あたりから高分子の物

注）2000年「導電性高分子の発見」で，ヒーガー（米），マクダアミッド（米）とともにノーベル化学賞受賞．

性にも光がさしてきたように感じます．最近の材料への関心は，以前よりもずっと増大して，少しは材料花のつぼみがほころびてきたという実感があります．物性値の採用でも少なくとも，以前なら理科年表で済ませてきたところを実際に測定しようという機運は生まれて来ました．

　さて，本書では，主に高分子それもできるだけ誰でも入手できる汎用高分子について，熱とのかかわりを中心に，教科書とは違った観点から話を進めたいと思います．ここでの高分子とは，いわゆる合成樹脂，天然のセルロース，タンパク質などの大きな分子を指すことにします．プラスチックとかゴムなどはもちろん高分子物質ですが，少し違ったニュアンスで使われます．合成樹脂は，もともと天然樹脂や天然繊維の代替えとして発展した材料ですから，私たちの生活の近いところにたくさん使われています．身近な題材から，高分子材料の特徴を探っていきたいと思います．

　高分子材料の多くは，糸のように細長く共有結合した巨大分子からなります．共有結合は金属結合より強い結合です．この高分子の状態は，どういう訳か，糸，ひも，スパゲティなどとは言わず，鎖 (chain) と呼ばれます．長手方向を主鎖，その横についた原子を側鎖と呼ぶ慣習です．また，側鎖の中で，特に長めのものを分岐といいます（図1）．ほとんどの直鎖状高分子は低融点で，熱すると容易に溶け，また冷やすと固まる性質を持ちますので，成形性に優れています．この性質を持っている高分子材料を熱可塑性樹脂と呼びます．

　これとは別に，細長い分子というより，全体に複雑な結合を導入した熱硬化

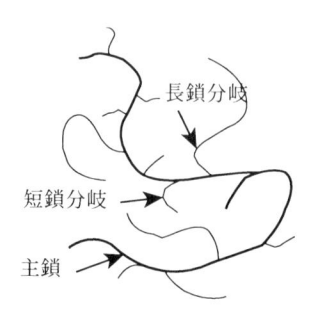

図1 ポリエチレン (PE) 分子鎖の分岐構造．主分子鎖から枝分かれした分子鎖には，長いものと短いものがある．

性樹脂と呼ばれる一群があります.このタイプは,固化したあとでは溶融させられないので,まず低分子状態(液体)で型に入れ,熱をかけて反応固化させて使います.エポキシ樹脂(2液接着剤,高強度複合材など)とか不飽和ポリエステル(バスタブなど)が代表ですが,結合が強くいわば全体が一つの分子とも言えますから,衝撃には強いものです.

高分子量

　高分子物質と言う概念は文字通り分子量の大きな物質という意味ですが,ニュアンスとして「有機物の」という限定が入っているケースがほとんどです.これに対して高分子材料とは,実際に使われている機能を重視した意味を持ち,プラスチックという使い方とかなりオーバーラップします.

　高分子材料の分子量は,どのくらいからを指すのかという定義は明確ではありませんが,およそ1万程度になると,ほとんどの性質が一定になります.鎖状の分子が絡み合って,ほどけなくなる量に達したことを意味します.融点・比熱を中心とした熱物性もポリエチレンならポリエチレンらしい値で飽和します.これ以上分子量を大きくしても融点はほとんど変わらないのです.

　分子量の測定は有機溶剤に溶かした状態で行いますが,高分子物質は溶剤に溶けにくいので,特殊な溶剤を探すとか,高温で測定するなど,結構ハードルが高いものです.クロマトグラフィーを応用した装置などもありますが,高分子の分子量を求めるのは難しいことです.分子量が一番効いてくる物性は溶融粘度です.長い分子は,融点を越して溶けたあとも絡み合っているので,分子量が大きいと粘度も大きくなります.そこで,無理に溶剤に溶かさないで,融点以上で溶けた高分子を小さな孔(オリフィスといいます)から押し出して,その出方から粘性を知り,さらに分子量を知ろうという簡便法が生まれました.樹脂ごとに決められた条件(ASTMやJISで規格化されている)での押し出される重量をメルトインデックスと呼び,高分子工業上非常に重要なパラメータとなっています.なにしろ粘度は,分子量の指標であり,成形条件に直結するのですから.樹脂のカタログでは必ず上位に記述があります.メルトイ

ンデックスの小さな樹脂は,押し出される量が少ないですから,高分子量ということを意味します.すなわち粘度が高く成形しにくい材料ということですが,見返りに材料の性質のうち最重要な力学強度がぐっと増します.丈夫になります.分子量の違いで,弾性率や融点にはほとんど差はありませんから,メルトインデックスは用途を考える際に重要な役割を果たしている高分子材料独特の指標です.

高分子材料と構成元素
－炭素と水素,ときどき酸素と窒素,たまに塩素とフッ素,ほかは稀－

高分子材料は,金属や無機材料と比較して,構成する元素が限られています.炭素か水素を全く含まない汎用高分子はありません.それに酸素と窒素を含めた4元素で,天然高分子を含むほとんどの物質が作られているのです.このことは,空気と水が由来であることを示しているように感じます.光合成,根粒バクテリアのよる窒素固定などを通じて,空気(太古にはCO_2が大気だったと言われています)と水が,石油,石炭にまでなっているわけです.最近では空気から直接合成しようという方もいるようです.

表1に示すように高分子を4つの群に分けてみました.第1群は,炭素と水素だけで作られる高分子材料ですが,意外とたくさんの種類があります.どちらかというとロウソクに近い感じの半透明で,撥水性で,やや硬く,はがれやすく,安定で,結構丈夫という高分子が多いようです.

第2群は,酸素も入ったグループです.どうも,酸素が導入されますと,長い分子と長い分子の間をつなぐ水素結合が形成されるため,第1群の欠点であった分子間の結合弱さを補っているようです.強度がぐっと増したり,タフになったり,接着性などに応用されます.

第3群は窒素が加わった4元素構成です.結合の価数でいいますと,水素は1価,酸素が2価,炭素は4価です.第1・第2群とも,これらの組みあわせでは割り切った関係が構築できます.そこに,3価の窒素がやってくると,微妙な緊張関係が生まれるのです.タンパク質を筆頭に含窒素高分子はかなり個性

表1 主な高分子材料の構成元素による分類

	構成する元素	名称	主な用途
第1群	炭素と水素	ポリエチレン（PE） ポリプロピレン（PP） ポリブタジエン（PB） ポリスチレン（PS） ポリメチルペンテン（PMP）	フィルム, 容器 フィルム, 容器, ひも ゴム 透明容器, 発泡スチロール ラップ
第2群	炭素と水素と酸素	ポリエチレンテレフタレート（PET） ポリオキシメチレン（POM） セルロース ポリメタアクリル酸メチル（PMMA） ポリ酢酸ビニル（PVAc） ポリビニルアルコール（PVA） ポリカーボネート（PC） ポリ乳酸（PLLA）	ペットボトル, ポリエステル繊維 エンプラ 繊維, フィルター アクリル板 接着剤 塗料 容器, DVD, 生分解ポリマー
第3群	含窒素	タンパク質（絹, 羊毛） ナイロン6 ポリイミド（PI） ポリアクリロニトリル（PAN） エポキシ樹脂 ポリウレタン（PU）	繊維 繊維, フィルム 耐熱フィルム アクリル繊維 接着剤, 構造材料 塗料, 繊維
第4群	含ハロゲン	ポリ塩化ビニル（PVC） ポリ塩化ビニリデン（PVDC） ポリフッ化ビニリデン（PVDF） ポリテトラフロロエチレン（PTFE） ペルフルオロアルコキシフッ素樹脂（PFA）	管, サッシ, 電気コード絶縁体 ラップ 人工芝, 膜 テフロン 無溶出容器
	含硫黄	ポリフェニレンサルファイド（PPS） ナフィオン（Nafion®）	エンプラ 分離膜
	含ケイ素	シリコーン ポリジメチルシロキサン（PDMS）	シリコンゴム 電子部材

派です．たとえば染色性などは，含窒素グループが圧倒的です．ナイロン, ポリイミド, ポリアクリロニトリルなど, 熱的にも光学的に特殊な性質を発揮しています．そういえば, 反応性が高い部分を官能基といいますが, 窒素はもっとも官能的原子なのでしょう．

　第4群は, その他の土壌由来の元素をふくむ高分子です．重い元素とかハロゲンが中心ですが, 特殊な機能を持つスペシャリストという感じがします．塩ビはダイオキシン問題でバッシングされましたが, 電気コード, 水道管には不

可欠です．廃れるどころかむしろ焼却炉の改良を迫ったほどです．
　また表の分類にはありませんがベンゼン環などの環状構造が主鎖導入された高分子も存在します．これを導入すると，ぐっと鎖が変形しにくくなり，剛直性が増します．ポリエステル繊維が代表です．また，図2のように主鎖に環状構造が導入されていますので，動きにくくなり，融点は消失し耐熱性も高くなります．ポリイミドは総称で分子構造のバリエーションは多数あり，少しでも成形性を向上させるなどの努力がなされています．熱に弱いというプラスチックの欠点をカバーするほぼ唯一の材料として重宝されています．
　樹脂でも，混ぜあわせてアロイにして欠点を補い合う場合もあります．ABS樹脂は軽くて強い樹脂ですが，ブタジエン(B)，スチレン(S)に，含窒素であるアクリロニトリル(A)が加わった三角関係で機能を発現しているのです．家電製品，航空機の内装などに使われます．

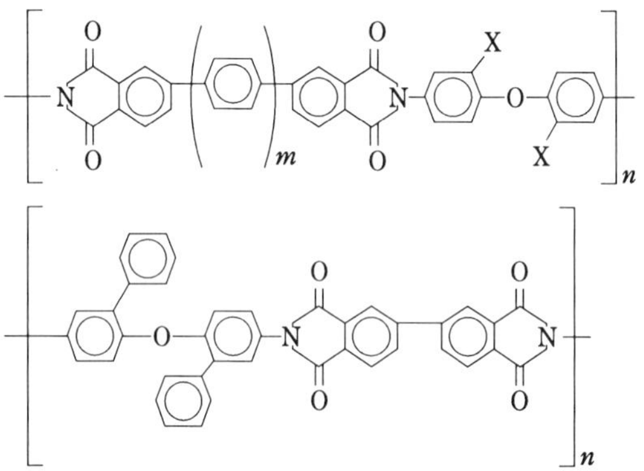

図2　ポリイミドの化学構造．ポリイミドの例を2つ．イミド基を含む高分子の総称で，たくさんの化学構造のものが作られている．ベンゼンリングがたくさん導入され耐熱性が高い．

高次構造

　高分子の名称は，出発のモノマーによります(図3)．エチレンガスが重合し

たものをポリエチレン,酢酸ビニルが重合したからポリ酢酸ビニルという具合です.重合反応で予想される構造を一次構造といいます.このほかに立体規則性や非対称性モノマーのつながる方向など,細かな構造異性体が存在します.工業製品では,あまり細分化しても意味がありませんので,分子量,分子量分布,分岐の量あたりで,製品番号がついているようです.同一製造会社の高密度ポリエチレンといっても100近くも種類もありますから,実際の使用に際しては油断できません.

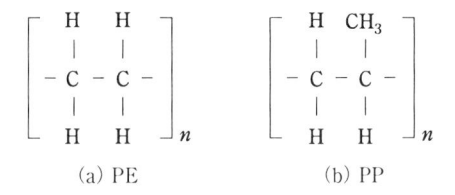

$$\begin{bmatrix} & H & H \\ & | & | \\ - & C - C & - \\ & | & | \\ & H & H \end{bmatrix}_n \qquad \begin{bmatrix} & H & CH_3 \\ & | & | \\ - & C - C & - \\ & | & | \\ & H & H \end{bmatrix}_n$$

(a) PE　　　　　　(b) PP

図3　ポリエチレンとポリプロピレンの構造式.n は重合度と呼ばれ,単量体(モノマー)の繰り返し結合する数である.

　同じロットの樹脂でも,鎖自身の並び方でも性質が変わります.集合体として見た場合,原則的に細長い分子の集合体なので,「糸が絡まってどうしようもない」といった私たちが生活のなかで経験する様な状態になっていると思われます.いまでも高分子集合体のイメージとして,うどん玉とか盛りそばを引き合いに出されます.欧米ではスパゲッティだそうです(図4).

(a) 糸鞠分子鎖　　　(b) 折り畳み分子鎖　　(c) 伸びきり分子鎖
　(非晶)　　　　　　(結晶+非晶)　　　　　　(結晶)

図4　高分子鎖の配列模型.(a) 伸びて柔らかい,(b) ある程度伸びて柔らかく強い,(c) 硬くて脆い.

さて，長い高分子をきちんと並ばせて結晶を自発的に作ることはまずできません．普通は長い分子が折り曲がった結晶を作るモデルが広く用いられます．とにかく，無機結晶や金属と比較して，圧倒的に欠陥だらけと言うことになります．現実には長い分子自体も，一つとして同じ物はないと思います．ですから教科書的に書かれる分子式は，あくまでも代表的なイメージと考えるのが無難です．

　こんな材料でも，X線回折をとりますと，規則的な反射が現れるし，偏光顕微鏡下でも規則構造に由来する明暗がはっきり観測できます．固体高分子の構造研究は，長い歴史の中で中心的なテーマでありつづけています．物性に直結するからです．多くは，従来の基礎理論を適用して，結晶族を決定し，結晶化速度（ここでは金属で発展したアブラミプロット（Avrami-plot）が使われる）が調べられてきました．これが簡単そうで，分子の複雑な高次構造を反映して難しいのです．私事ですが，学部の卒業論文でポリエチレンの結晶化と構造との関係をテーマとして与えられました．約5000気圧までの圧力と，結晶化温度，冷却速度が主なパラメータでしたが，密度，融点，融解挙動，弾性率など，どれ一つとして同じ物はありませんでした．はたしてポリエチレンの融解とは何かという素朴な疑問が当然のようにわき上がりました．教科書は融点130℃などとあっさり書いてあるばかりでした．現在の状況もほぼ同じです．

　主な理由は，化学構造で決まる分子の形もさることながら，集合状態に依存するためです．このような構造は，高次構造と総称しますが，物質そのものが複雑な混合物である上に，熱履歴や応力分布が違った状況で固化するのですから，成形品内部でも非常に複雑なものになります．とりわけ製品性能に直接反映される結晶化度と配向度の概念をご紹介いたします．

結晶化度と配向度

　もちろんすべての高分子固体物性は分子の配列に依存します．高次構造の明確な表現は難しいので，高分子で特有の評価法，結晶の量の指標としての結晶化度と高分子鎖の配列かたよりを示す配向度が多用されます．分類表の中で，

比較的ストレートに近い第一群の高分子，ポリエチレンとかポリプロピレンは，結晶構造を作りやすいのは推定されますが，それでも分子が長すぎて，自発的にまっすぐに伸びることはできません．溶融温度からゆっくり冷却すると，過冷却のあと結晶化をはじめます．いくら丁寧にやっても，分子鎖が折れ曲がったりして，不整部分が残ってしまいます．それにもともと分子末端があって，そこにも構造の不整があります．そこで，結晶を作っている規則的な部分とそれ以外の乱雑な部分（非晶）にわけ，両者の分率を定義することになります．全体重量に占める結晶の割合を結晶化度と呼び，パーセント表示が普通です．密度測定，X線回折，熱分析，赤外線スペクトルなどから決定することができる，高分子学独特の概念です．

　結晶化度は，熱処理条件にきわめて敏感です．分子が長いために変形に時間がかかり，温度の冷却速度に依存してしまうからです．同じ高分子でも，急冷すると結晶化度ゼロになり，徐冷すると数十％まで変化することもします．一般に，結晶化度が高くなると，丈夫になりますが，もろくなったり，不透明になったりします．あいまいな定義ですが，高分子材料の実用上重要なパラメータになっています．また，複雑な繰り返し構造の高分子は結晶化はできません．これらは非晶性高分子と呼ばれて原則的に結晶化度ゼロです，主に透明樹脂として使われます．ポリスチレンやアクリル樹脂が典型です．

　もう一つは配向度です．高分子は直線的に長い分子がほとんどですから，長手方向と分子間方向では当然物性が違います．長手方向は共有結合ですから，力学的にも金属結合より強いと考えられます．分子は自然には並びませんが，簡単で上手い方法があります．固体状態で強い力で引張ることです．この操作を延伸と言います．繊維やフィルム製造では不可欠な技術です．共有結合の強さを利用する技術と言うことができます．ただし，融点やガラス転移温度以上の温度にして軟化して状態で引張ると，簡単に延びますが分子は並びません．少し固まった粘度の高い状態で強引に引張ると分子が引き揃います．固すぎると伸びませんので微妙な温度制御が必要です．この分子の引張り方向への配列の度合いを配向度または配向関数と定義して，物性評価として重要なパラメーターになっています．

配向度を徹底的に高めたものに，繊維やひもがあります．カローザスのナイロンの発明は，絹ストッキングをあっという間に置き換えてしまったのは有名ですが，ストッキングにはよほど強い力がかかるもののようです．実際のナイロン繊維の代表に釣り糸がありますが，これは本当に強いです．山登り用のザイルや船のもやい綱にも使われます．ナイロンは窒素が含まれるタンパク質型の合成樹脂です．やはり窒素が効いているのでしょう．一方で，荷造り用として市販されている幅広のポリプロピレン製白いテープは，一見頼りない感じですが，長さ方向には引張って切れる代物ではありません．指が先に切れます．やはり分子を長手方向に揃えてあるからです．反対に横には簡単に裂けますが，第1群の弱点である，分子間の結合が非常に弱いことを反映しています．

実際になると…

　教科書でも論文でも，高分子化合物はくり返しモノマー単位の化学式で表現されています．実際は立体的なのに，紙面に平べったく書くため，何かと錯覚されることになります．いろいろな不整分子もあるわけで，化学式は単なる代表的な部分を言っているにすぎないのです．実際の材料では，微妙な特性を変化させる目的で分子量と分布の制御，分岐の導入などの一次構造の設計が，意図的に行われます．たとえば，100個の炭素に1つの水酸基を導入しただけで，物性は変化します．これに加え，成形時に結晶化度，配向など高次構造制御がありますので，物性制御範囲は結構広いものになります．同じポリエチレンでも，クリーニングの袋のように手で簡単に破れるものから，大きなスイカを入れても切れないレジ袋まで作れるわけです．

　実用では，たくさんの性能への要求があり，また問題が発生したりしますので，目的に応じた添加物の調合が行われます．柔らかさを増すための可塑剤，染料，安定剤，酸化防止剤，白化剤（酸化チタン微粒子など），難燃剤，静電気防止剤などを入れるのは当たり前で，場合よっては数十種類の微量成分が入っていることもあるようです．実際，製品に供される高分子材料は，実験での想定をはるかに超えた使われ方をしますので，基礎的な物性チェックは欠か

せないのですが，比較的簡便な熱分析が多用されています．
　材料が製品に換わるときには，かならず成形プロセスがあります．ほとんどの場合，融通が効かない成形機械ですから，成形条件は限られてきます．材料側が気を利かせて，相手に合わせなければならないのです．厳密なシミュレーションなどの研究で得られた最適条件も，現場ではなかなか実現させてもらえないことにもなります．それと製品ですから，コストの壁がその向こうにそびえているわけです．企業の最前線で材料を使いこなしている技術者の苦労は，大学にいてもひしひしと感じられます．

熱物性とデータベース

　熱物性研究を生業としてきた関係で，高分子の熱分析や熱物性計測をはじめとして多数の相談を受けてきました．その一つを紹介します．
　射出成形などの溶融成形中の樹脂の流れシミュレーター開発が盛んになり始めた頃（たしか1990年ごろ），計算には各種データが必須で．プラスチック成形は，溶融状態からの冷却固化ですから，熱的性質が絶対必要なのですが，使えるデータがないという事態が発生しました．上記のように高分子は種類も多いし，混ぜものの多様さは合金の比ではありません．とりあえず既知の文献からデータベース化しようということになりました．ただし熱伝導に限っての話です．専用のコピー機まで用意して関連文献を1000以上集めて，データを整理しましたが，これがばらつくこと．データの信頼性がないのです．特に固体状態のデータがばらばらです（図5参照）．熱伝導データの不安定さの理由は二つ．上記のように同一物質名でも，高次構造は全く違い熱物性値も違う可能性が高いこと．もう一つは適切な測定法が確立していないことによるデータそのものの信頼性の不足でした．
　市販のデータベースには，推定式を用いて，補間したデータが多く記載されていることがあります．一種の論理的な方法論ですが，高分子材料でも，複合系などでは加成性を仮定して推定する方法も提案されています．しかし，構造の複雑性に温度依存性が加わるとお手上げです．どうしても実際に測定してみ

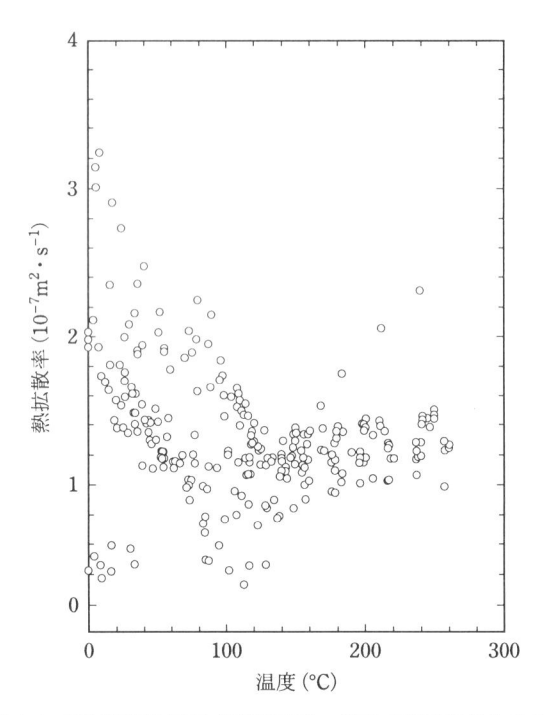

図5 ポリエチレンの熱拡散率(TD)温度依存性.過去の測定結果から採取したデータを重ねてプロットしたもの.特に室温あたりのデータのばらつきが大きいのは,高次構造の影響だろう.どのデータを採用したらいいのかむずかしい.

る必要があります.論より証拠はここでも不動の真理です.どんなにシミュレーターが進歩しようとも評価方法は常に重要な意味を持っているのです.

マイケル・ファラデー著「ロウソクの科学」

論より証拠ということを強く感じる本があります.名著「ロウソクの科学」です.著者ファラデーは,イングランドの大科学者であるあのファラデーです.業績のすばらしさはとにかく,一般向けの講演が非常に上手で,市民講座は人気を博したといいます.晩年のクリスマス講演会は特に有名で,1861年の講演を口述筆記の形でまとめたものが「ロウソクの科学」として出版されま

した.私たちも中学生あたりの年頃に,推薦図書になったりして手に取ったことがある薄い文庫本です.わたしが先日書店で手にした時は,内容についてはっきりした記憶が残っていないところを見ると,ちゃんと読んでいなかったのでしょう.

ぱらぱらとめくっていると,ただ一カ所だけ,鮮明に思い出したところがあります.「我々が開国させたあの世界のはてにある日本」という表現です.当時は非常にがっかりしたという記憶です.尊敬する大学者も,そんな認識なのだと鼻白んだ記憶です.

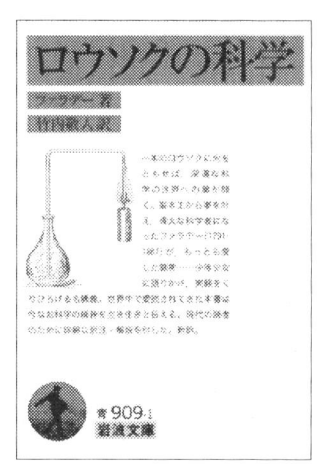

ロウソクの科学（岩波文庫）

今回,読み直してみると,確かにその部分もありましたが,全体としてよくできた本であることを再認識しました.熱力学の発展の歴史が大筋でわかるし,とにかく実験を壇上で行っている様子が生き生きとわかります.理屈だけで話を進めていないので,誰でもわかるような工夫がふんだんに入っています.ファラデーが行った実験をその場で見なければわかりにくいけれど,挿絵を見る限り,相当に高度な概念まで説明しようとしています.

ろうそくの種類,製法から始まって,燃焼,発光,対流,毛管現象,酸化,気体の性質と,現在初等中等教育で行われる熱力学関係の実験そのものをテーマとしているのです.とにかく,薄暗いガス灯の下での燃焼などは,一種のイリュージョンというべき性格を帯びていますが,多くに実験はきわめて効果的だったと思います.火薬なども用いていて,想像するにかなりの迫力があります.聴きにいきたいなあと思わせます.「論より証拠」のスタンスは,これなら自分でもやって見たいなと思わせる楽しそうで力強い説得力を持っているのです.

ファラデーは,貧しい家庭に生まれ,無給の製本屋で働きながら,製本しかけの本を読んだり,屋根裏部屋で実験をしたりという少年時代をおくったといわれています.念願のデービー卿の助手になったものの,いわゆる大学のアカ

デミズムに馴染まず,ほどなく独学の道を歩き始めました.実験に次ぐ実験で,電磁誘導,電気分解の法則(ファラデー定数),光磁気効果,反磁性,ベンゼンの発見,塩素の液化など膨大な業績をあげたのは周知のとおり.やはり「論より証拠」とひとりごちてしまいました.

是非,技術者・科学者の皆さまに.再読をお薦め致します.

▶▶▶ ▶▶▶ ▶▶▶ ▶▶▶ ▶▶▶

表 ギリシャ語・ラテン語由来の接頭語

	GREEK	LATIN
many	poly	multi
1	mono	uni
2	di	bi
3	tri	ter
4	tetra	quad
5	penta	quinq
6	hexa	quinq
7	hepta	sept
8	octa	oct
9	nona	novem
10	deca	deci
100	hecta	centi
1000	kilo	milli
1/2	hemi	semi

❷ ペットボトルの科学
―覆水は盆に返らず―

プラスチックボトルのデビュー

　材料開発はいろいろな機能を求めて行われます．新しい機能は，人間の生活を豊かにすると信じて研究が進められるわけです．が，現実にはいろいろな意味で開発競争にさらされて，便利になるけれど無駄も発生することにもなりかねません．

　一口に材料といっても，金属，無機材料，有機材料とあり，材料間の激しい競争も起こっています．材料の選択幅が拡がると，機能に加えて，材料の持つイメージ，コストなどの面で厳しい開発競争にさらされるのは周知のこと．ほかにはない性質があれば，オンリーワンとして孤高を保てますが，多くは夢のまた夢です．

　ところで，最もプリミティブな機能に，「貯める」「保存する」があります．大切なものは，しっかりとした容器に保存する必要があります．水や食料の保存は，人類発祥以来の重要課題だったと思われます．少し時代が下ると，金や鋳銅製の瓶も登場します．が，古来，水瓶や酒瓶は陶器次いでガラスも加わって無機材料が独占的な地位を占めています．博物館へ行けば，ヨーロッパならアンフォラとよばれる水瓶，日本では縄文土器，古代中国も鼎（かなえ）が，歴史展示の劈頭を飾っていることからも推定出来ます（図1）．こういった容器類は，相当古い時期から大切にされてきたことがわかります．有機材料の容器は，ずっと時代が新しくなって，木製品や漆器あたりから展示されるようになります．実際は，最も古いのは木製品ですが現代まで残っていないためでしょうか．

　水や酒を保存するのにどのくらい苦労がいったのでしょう．「覆水盆に返らず」ということわざがあります．文字通りでは，こぼれた水は元に戻らないと

図1 アンフォラ：大英博物館にもたくさんの容器が陳列されています．一般家庭のように壁一面に展示しなければならないほど量があるということでしょう．時代は下りますが，日本から輸入された磁器もたくさん展示されていて，容器はいつの時代でも実用であり，富の象徴でもあったのです．

いう意味ですが，これほど水などのストックは重要なことでした．「3.11」地震の後にペットボトル入りの水がアッという間に無くなったことからも再認識されました．ちなみにことわざのもとの意味は，離縁した相手が復縁したいといってきた時に，その難しさをたとえたものと言われております．いまや，安価となった容器は捨てられる運命にあるというのも皮肉ですが，リサイクル・リユースは難しいものなのでしょうか．散ってしまった飲み物の容器をどうやって集めてリサイクルするのかというのが現代的な解釈でしょうか．あるいは無駄に使った資源・エネルギーの回収の難しさのたとえかも知れません．

容器

さて，一口に容器と言ってもたくさんあります．現代生活の中で，容器ほど目的に応じて微妙に使い分けているものはありません．我が家の容器を全部書き出そうとして早々に断念しました．せめて昔の人が使ってきた容器に関する漢字だけでも列記します．器，瓶，缶，壺，椀，樽，櫃，箱，筐，函，桶，袋，槽，鼎，杓，瓢，筆，籠，錫，碗，杯，盃，嚢，鉢，釜，鍋，甕，壜，堝，丼，

図2　我が研究室のボトルたち

鬘，笊，葛と昔から容器にはうるさいのです．皆様は，字から容器を想像できますか．

3つの材料が競合する容器のなかでも激戦区，飲料に限定しても相当な種類があります．研究室で1週間ため込んだビン・ボトルの類の写真（図2）を見てください．今ではありふれたものばかりですが，最近出現したものがほとんどです．新参材料のプラチック容器が幅をきかせています．筆者の「仲間」でもあるプラスチックボトルは，この他にワインや酒類にまでも進出していて驚くばかりの発展ぶりです．紙パックも出ていますからこれも含めて，プラスチック系容器は安価であることはもちろんですが，性能的にも認知されてきたということでしょうか．

プラスチック容器の種類が多くなってきてはいるものの，普及品は限られるようで，高級ワインや蒸留酒などはガラス容器がほぼ独占しています．缶ビール，缶コーヒー，では金属ボトルもまた健在です．容器は，いつの時代も大切な生活道具であり，あらゆる知恵が動員されていることはもちろん，最も消費者の目が肥えている商品の一つです．さて，ボトル戦争に有機材料系は勝ち抜けるのでしょうか．

ワイナリー

容器についてワインを例に考えてみましょう．発酵槽は木製，コンクリート

製,ステンレス製とあり,簡単な熟成の後の長期熟成は,オークの樽と決まっています.オーク樽も一時廃れそうになったようですが,風味がいいという理由でまた復活しています.できあがったワインを保存する容器はというと,昔はたぶん木樽か革袋,陶器あたりでしょう.ガラス容器になったのはいつ頃からでしょうか.瓶詰めしてからコルクを打つ.以上がワインの瓶詰めまでの過程のイメージです.

　ある国際学会がドイツで行われたときのこと,古い地下のワイン蔵でパーティがありました.ワイナリーでは,まったく先にお話しした通りの説明と設備でした.熟成用大樽に囲まれたテーブルで,ガラスのボトルから,伝統的な飾りの付いたグラス(普通のナトリウムガラスでした)へ厳かにサーブされました.

　学会の帰り道,南ドイツライン河のほとりをドライブしていて,ブドウ畑の真ん中に小さな村を見つけました.ラインプファルツと呼ばれるブドウ栽培地域ですが,ちょうど9月中ごろの収穫期で,ワインの醸造時期でした.ちょっと小綺麗なその村には,いくつもの小さな醸造所がありました.写真を撮ろうと車をおりあたりをよく見ると,小さな看板をたてて,新酒を売っているらしいセラーがたくさんあることがわかりました(図3).あたり近所もほとんどが小さな木樽とプラスチックボトル(たぶんポリエチレン製)でディスプレー

図3　「新酒あります」
ドイツの小さなワイナリー

ているのが目につきました．折角ですから，その醸造所に入ってみると，椅子とテーブルがあって，作りたてのワインを飲ませてくれるところでした．笑顔で迎えてくれた女主人に勧められるまま，ジュースのようでおいしいできたてのドイツワインを頂きました．ウィーンあたりで「ホイリゲ」と呼ばれる新酒がありますが，同類ではないでしょうか．ただし，赤いキャップの大振りなプラスチックボトルから，プラスチックカップに供されました．実験室と同じような雰囲気(図4)．「おなかが空いているのですが」「うちはレストランではないんですよ．でも自家製のキッシュがあります．どうですか」我々全員異議なし．そのキッシュの美味なこと．葡萄の種類別の試飲もさせていただき，ついでに親切なご婦人にお願いして，醸造現場を見せてもらうことにしました．

そこには想像したような木樽もステンレスタンクもありません．薄いブルーの大きなバスタブのような容器がありました．端の方がすり切れて中の白いクロスが覗いているではありませんか．紛れもなくガラス繊維強化不飽和ポリエステル(FRP)の容器でした．不飽和ポリエステルといえば，ボート，漁船，サーフボード，浴槽，ヘルメットなどですが，醗酵槽にして大丈夫なのかな．ワイナリーに関して持っていた知識も，現場を見てみると，所詮ただの知識に過ぎ

図4　ラインプファルツにて．この地はライン川中流の左岸に広がるブドウ畑が広がる田園地帯．小さなむらには，個人のワイン醸造所があり，新酒を売っています．ジュースのような飲み口のいいもので，ウィーンあたりでホイリゲと呼ばれる物に相当します．下戸もついつい飲んでしまい，車の中で高いびき．

ないことを思い知らされました.

実験室にあるような小型容器1パックを買って帰り,ホテルでも頂きました.新酒でもアルコールですから,はやばやと寝入ってしまいました.夜更けになって,ふと,シューというガス漏れみたいな音がして,気になって跳ね起きました.音源を探すと,かのボトルです.キャップの隙間から炭酸ガスが吹きだしていたのです.新酒は発酵は止めないものらしいのです.

ペットとペットボトル

プラスチックボトルには,いろいろな樹脂が使われていますが,何といってもペットボトルが代表でしょう.日本では飲料用プラスチック容器は長い間許可されませんでした.食品衛生法の壁があったからです.可塑剤や不純物が溶け出してくるのではないか.こんな疑念があったと聞きます.もちろん現在のボトルは,ほとんどそんなことはありません.樹脂そのものの管理,成形上の熱管理がシビアになったためです.

ペットとは,ポリエチレンテレフタレート樹脂の略字(PET)のことです.基本原料は,2価アルコールであるエチレングリコールと,酸であるテレフタール酸を脱水しながら縮重合反応して作ります.化学構造は図5に示されます.アルコールと酸が水分子を放出して結合するエステル結合でつながっているのでポリエステルの一種です.「ペットとは,かわいい」といって専門用語

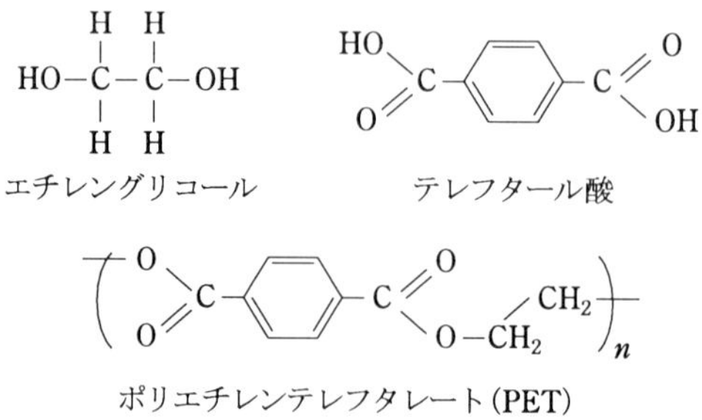

図5 PETの原料と化学構造

の略語がそのまま一般に使われた珍しい例です．ちなみに同じものでも繊維になるとポリエステル繊維と呼ばれています．繊維用に比べて，ボトル用は分子量が大きくなっています．強度が要求されるためです．繊維用原料でペットボトルをつくると，落としただけで割れてしまうと言われています．

さて，PETは，柔らかいメチレン鎖と堅いベンゼンリングがつながり，分子間でも水素結合できるようなカルボニル基が付いています．この適度な組み合わせが，優れた機械的性質と成形性の良さを持った樹脂にしているわけです．その分，価格も少し高くなります．ペットボトルが優秀な容器であることは，使って見ればすぐわかります．まず薄くて軽い，透明で中が見える，蓋を閉めれば飲みきらないで済む，何より丈夫です．高分子材料は，金属と同じで，力学的な履歴（配向）と熱的な履歴（結晶化）に敏感で，かなりの範囲で物性を制御できます．さらに良好な性能とコスト低下を目指して純粋のPETだけではなく，適度に類似のポリマーをブレンドして成形性も制御しています．

ペットボトル製造では，原料の吟味，製造過程の温度制御と成形条件が性能を決定します．一般的な作り方をしたときのプロフィールを図6に示します．非常に複雑な温度制御プロセスになります．まず原料のペレット（図7参照）は，コメ粒と同じように粒子状で，結晶化していて不透明なものです．ペレットを290℃前後に加熱して融解させることから始まります．ついで，射出成形でプリフォームと呼ぶボトルの原型を作ります．透明性が要求されますので，

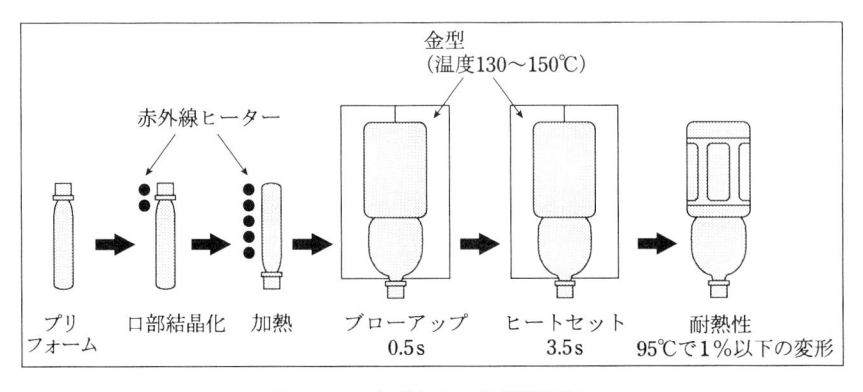

図6　ペットボトルの熱処理過程

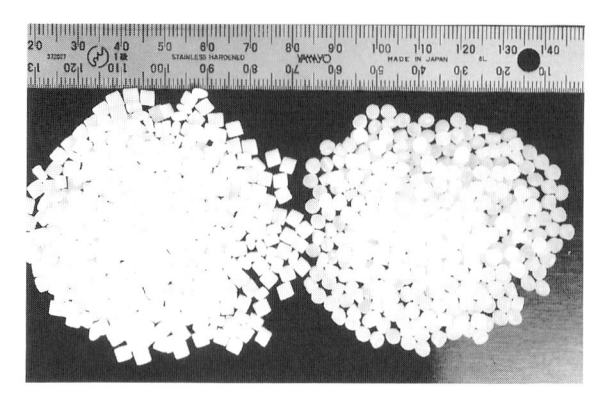

図7　ペレット：プラスチックほとんどが，このような米粒のようなペレットで供給されます．右のポリエステルも左のポリエチレンも白濁していることが判ります．通常は米袋と一緒で，厚い紙袋入り25 kgが1袋です．あまり細かいとこぼれたら静電気で始末に負えないことも関係しています．

　このとき金型温度は水冷して低くしておきます．すると溶けたPETは急冷されるので，結晶化することができず，透明な原型ができます．急冷された非結晶性PETは，通常70℃前後にガラス転移[注]と呼ぶ軟化点があります．
　次いで，この口の部分をつかんで130℃前後に加熱して結晶化させます．胴の部分も赤外線で加熱しますが，ガラス転移温度より少し上の100℃を超えた当たりで，ちょうど成形の適した粘度になります．ここで一気に空気を吹き込んで膨らませるブロー成形を施します．このときの金型温度は，高めの130℃程度にしておくと，柔らかくなるのではなく却って堅くなります．このブロー温度は重要で，PETはガラス転移を超えた少し高温で結晶化を始めると均一にのびないからです．図8は透明なプリフォームとそれを膨らませて作ったボトルの例です．少しばかり射出温度を高くしすぎて，ブローする前に結晶化させると白濁が生じています．パーリングといいますが，成形不良です．結晶化しては，透明なボトルに成形出来ません．ブローして配向がかかると130℃の高

注）PETのように分子の構成がやや複雑なものを急冷すると，液体のランダムな構造が保持されたまま凍結します．この状態を非晶（ガラス状）ガラスと呼び，透明性があります．ガラスをゆっくりと昇温していくと，液体状に戻ろうとする温度があり，これをガラス転移温度と呼びます．

図8 プリフォーム（右）と成形不良品（左）

温でも透明性が保たれるのが不思議なところ．PETは，結晶性の適度な遅さを利用して，ガラス転移温度と結晶化温度のわずかな間隙をついて，透明で丈夫なボトルを作るのです．

ボトルの口はなぜ白いか

ペットボトルには図9に示したように，透明なもののほかに口の白いものがあります．これは特別に別のものを付け足した訳ではありません．もともと透明なものを成形時に130℃で処理してわざわざ結晶化させたからです．生成した結晶のサイズが光散乱で白く見えるのです．なぜこうするか．もちろん強化するためです．PETのガラス転移温度は70℃でしたが，延伸[注]すると100℃前後まで上昇します．また，結晶化させてもはっきりしなくなります．つかんでいるので配向がかけられない口の部分は熱処理して耐熱性を強化します．つまり，70℃の軟化点がなくなったことになります．耐熱性がぐっとあがったことになります．ボディもブロー時に熱処理して結晶化させておくと，ほんの少し

注）延伸：高分子の一方向または面全体を力学的に引張り変形させて分子をひきそろえる操作．

図9 白か透明か

失透しますが，90℃でも耐えるものとなります．

耐熱性があがったボトルは，抽出直後のお茶やコーヒーをほぼ熱いままで充填できます．殺菌されたままで，衛生上好ましいわけです．一方，コーラとか炭酸飲料は耐熱性が元々不要なので，熱処理工程の少ない，すなわちコストの低い，透明口で十分ということになります．しかし，良く探して下さい．メーカーによっては透明な口のボトルにお茶が入っています．新型ボトルでしょうか．いいえ，もちろん冷ましてから充填しているのです．その代わり充填操作は無菌室で行われています．果たしてどちらが省エネルギーか．

現代の容器競争も激しいものです．ペットボトル製造には，分子設計から，結晶化，配向，といった高分子物性制御の英知が詰まっているのです．旅のお供には白い口をおすすめします．丈夫ですし，高温での消毒も可能です．ただし，沸騰水はさすがにさけてください．

炭酸ガスを通す

避難所でも家庭でも，非常用にストックされている水はペットボトルです．地震には強いですから．なにも入っていないただの水ですが，有効期限があり

ます.ほんのわずかですが空気の流通があるためです.加圧された炭酸ガスはもっと簡単に抜けていきます.ビールにペットボトルが使われない理由です.気体透過はプラスチックボトルの最大の悩みです.考えてみて下さい,プラスチックは,炭素と水素と酸素と窒素から作られるのです.空気は仲間なのです.

コーラや炭酸飲料にもペット容器があります.さわってみるとわかりますが,少し厚めのボトルで,特に底面が分厚くなっています.開発初期には底が抜ける事故が結構あったようです.なぜでしょうか.この部分には,ブロー成形では配向がかけられないからなのです.風船を作るとき,真ん中がふくれて伸びてゆき,先端と手で持っている元の部分は伸びないことを思い出して下さい.高分子は配向がかからないと意外に弱いのです.ガスを通りにくくする工夫はいくつかありますが,手間をかけてコスト高になってもどうかなというところでしょう.炭酸系にはアルミ缶のシェアが高いのはリサイクルが容易といった理由もありそうです.

リユースとリサイクル

ペットボトルをすぐに捨てるのはもったいないとは誰もが思うところです.開発当初は技術者のだれしもそう考えました.1990年代当時ドイツはリユースしていましたからそれでは日本もと考えました.何回も使うリユースには,食品用途を考えるとどうしても洗浄が不可欠です.まず,洗浄のインフラとしてビール瓶等の洗浄システムが候補になりました.残念ながら,ペットは瓶のアルカリ洗浄工程に耐えられず早くに断念されました.次いでもう少し耐熱性のあるポリエステル樹脂ポリエチレンナフタレート(PEN)も検討されました.やっぱりだめでした.そうこうしているうちに,先行していたドイツもリユースは中断してしまいました.キズがつきやすく,洗浄不十分による衛生上の問題があったということでした.

それではとリサイクルすることが決まり,回収される方針は現在まで続いています.ただ,ボトルへのリサイクルの道は険しく,多くが繊維や別の用途に使われているのが現状です.ペットボトルのキャップとボディに巻いてある印

刷フィルムは,ポリプロピレン製で,これが溶融されて混ざると具合が悪いのです.プラスチック同士でも,同類以外は原則混じり合わないものなのです.混じり合わないことを「水と油」と言いますが,油に近いポリエチレンやポリプロピレンと,酸素分子を含む水と親和性のあるポリマーは,やはり水と油なのです.せめて家庭では,すぐに使い捨てずに何か保存用に使ってあげたいものです.

三者（金属,ガラス,PET）の比較

飲料水用に限ってですが,現代の容器を比べてみます.さらに容量は300 ml程度で口がねじ式のものに制限します.鉄,アルミニウム,ガラス,PETで比較したものが表1です.重さではガラスが圧倒的に重く,PETには幅があって,熱処理型で33 g,最新の軽いものではわずか14 gです.最近は非常に軽いものが出回っているのです.ついで,ボディの厚さで見ますと,ガラスが厚くて,3 mm程度ないとやはり割れるのでしょう.アルミニウムは薄いし,意外と軽く19 gで,最近いろいろなものに進出しています.省エネルギーを考えると軽い方がいいに決まっています.資源も少なくて済みます.ただし,リユースと保存性ならガラスが一番ですし,高級感は一頭地を抜いています.なかなか勝負はつかないようにも思えます.

飲料容器が生活を豊かにしていることは確かですが,現状の容器はポイと捨てられ,土に埋められて,歴史の風雪に耐え,はたして2000年後の博物館を飾ることが出来るのでしょうか.はやり「覆水盆に返らず」の状況になるのではないでしょうか.

表1 金属,ガラス,PET の比較（300 cc クラスの容器,キャップをのぞく）

	重さ（g）	肉厚（mm）
ガラス	185	3.1
鉄	33	0.16
アルミニウム	19	0.12
PET 白口型	24	0.41
PET 軽量型	14	0.16

アイザック・アシモフ

　むかしの理科系人間は，中高生のころ，SF小説にとりつかれた人も多いように思います．あるいはSFの魅力にとりつかれて科学者を目指したのかも知れません．筆者が，記憶している作家として指折れるのは，ウエルズ，ハインライン，アーサー・C・クラーク，星新一そしてアイザック・アシモフです．とりわけアシモフのファンデーションもの，アイ・ロボットなどのロボットものなど名作を愛読しました．いつだったか，化学の歴史というアシモフ作品が出版され，どうやってSFにするのか大変興味を持って買い込みました．読んでみると，何となく知っている内容が多くて，どうも架空の歴史ではないようだと気づいて，拍子抜けした記憶があります．SFだけでも多作な作家なので，てっきり専門作家と思いきや，大学の先生でもあったことが意外に思えたものです．

　最近，文庫本でアシモフ著『化学の歴史』（玉虫文一/竹内敬人訳，筑摩書房，2010.3）（図10）が復刻されました．懐かしさを感じながら改めて読み直してみると，前の印象と全く違って，意外にも純粋で真摯な化学の歴史を語っていることに気づきました．通常の教科書には出てこない，古代の錬金術から始まって，原子爆弾で終わる異色の展開ですが，おびただしい数の化学者の業績がいわば淡々と述べられています．

　現象や法則といった教科書的な書き方ではなく，化学者にスポットを当てた一種の列伝形式です．化学は，化学者が考え発展させるのであって，積みかさねと継続性が重要だと訴えているようなところがあります．突然の思いつきで法則が現れたり，大発見が起こったりはしないものであり，いつもアンテナを巡らせている化学者が，なにかに出くわして学

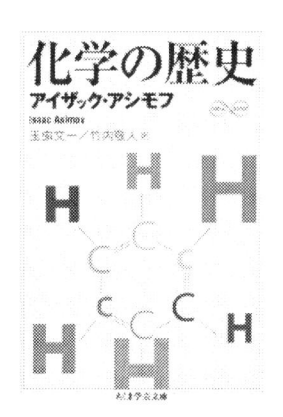

図10　アシモフ著『化学の歴史』（筑摩書房）

問として発展するもので,偶然を装った必然といった確信が根底にはあるように思えます.技術者・科学者を大切にする視点が確かに存在します.教科書を非科学者的と考える方にご一読をお薦めします.

　紹介されている化学者は多数いますが,日本人(アジア人としても)唯一記述があるのが,本多光太郎博士です.金属学が日本の科学のリーダーとして引張ってきたことの証左でもありましょう.科学の研究は,ある限られた範囲でまとめられると,膨大な研究実績がお盆からこぼれて散逸していきます.アジアの研究者は本多先生お一人ではないわけで,それこそおびただしい数の研究者が真剣に考えたことが,一つの時代を築き,また知のリサイクルとして戻ってくることがあると思います.補足させていただくと,本多先生のグループが開発された熱天秤は,筆者の専門分野では「本多式」と呼ばれる日本発の熱分析として燦然と輝いております.

　便利な生活を求めて無数のアイデアが提案されまた消えて行き,新材料を開発しまた廃棄してきました.これらのものは元に戻ることは無いのでしょうか.こぼしてしまったものを元に戻すのは大変です.

　「覆水盆に返らず」から「覆水盆に戻す」の技術時代を拓くときではないでしょうか.

③ 音楽と高分子
－嘘から出たまこと－

音楽は生で？

　音楽は人の心を和ませ，また揺さぶる力を持っています．遠い記憶をたどると，自作した鉱石ラジオを2台用意し，NHK第1，第2放送でステレオ試験放送していた「立体音楽堂」という番組で奏されたベートーベンのシンフォニーのすばらしさは，それまでに聞いた生演奏をしのぐほどの感動を与えてくれたものです．イヤホンはロッシェル塩の振動板でした．

　その感動が引き金になって，長じてはアンプとスピーカーをあれこれ試したものです．音の善し悪しは較べてこそのもので，単独の装置で聞けば音より曲に関心が向くものです．ここで述べる音楽は，再生音楽が中心ですが，主要材料である高分子と音のかかわりは，個人的にもずっと関心を抱いてきたテーマでもあります．

　音楽は生に限ると言われる方は，特にクラシックではたくさんおられます．そんな情報がトラウマになって，ステレオや携帯再生機で聴く音楽は所詮「嘘」でしかないと思いつつ，演奏会に出かける時間が限られるし，金銭的にも難しいことから，再生音楽で我慢と言うことになりました．

　再生音楽は，ベートーベンの重厚な音楽ですら，紙の振動で再現しようというのですから本当の再現は無謀だなと思います．しかし，今はなき大歌手を楽しめるし，マリア・カラスとレナータ・デバルディを聞き分けられるのですから，なにも生にこだわらなくともいいか，というのは理科系の意見ということになりましょうか．

録音技術

 音をとどめる技術は，いわゆる口伝，耳コピー以外では楽譜になりますが，音そのものを記録できたわけではありません．少し変わったところで，下北恐山の「いたこ」にあの世から呼び戻してもらうというのもあります．ただし，いつだったか，マリリン・モンローを呼び戻したら，津軽弁だったと聞きました．原音の記録はいわば人類の永年の夢でもありました．

 最初の録音は，有名なエジソンのロウ管機といわれています（図1）．その後，進展はめざましく，ベルナールの円盤や映画のトーキーなど黎明期には相当な数の方式が編み出されたようです．市販された再生ソフトは，個人でも楽しめたようですが，録音となると一般的なものではなく，大がかりな装置を必要とし，娯楽としてのほか政治的なものでもあり，2・26事件の電話盗聴録音に使われたというショッキングな放送もありました．そこでの音は回転むらで揺れて音質は決してよくありませんが何しろ肉声の持つ迫力がありました．録画より録音の方が遅いのが面白いところです．

 屋外での録音が本格的に発展確立したのは，1936年のベルリンオリンピックとされています．我が国も，1940年の東京オリンピック開催に向けて，それこそ国家の威信にかけて実況録音技術の開発を急ピッチで進めていたようです．その頃の方式は，ラッカー板に振動をハリで直接刻む方式でした．ラッカーはニトロセルロース系樹脂の速乾塗料のことで，これをアルミ板に塗った

図1　エジソンとロウ管機

ものを原盤に使いました．堅い高分子であるニトロセルロースは，車の塗料やビリヤードの球などにも使われました．

　この時代の音楽鑑賞用レコード盤は，ラッカー盤を原盤として，コピーを取ったものでSP (Standard Playing) 盤と呼ばれています．写し取る材料は，シェラック（カイガラムシの液）ベースの天然素材ですが，割れやすく音質もよくありませんでした．当時すでに合成系高分子の研究は盛んでしたが，ご多分にもれず，新樹脂は軍事物質とか政治的戦略物質としてスタートしました．我が国でのアクリル樹脂はゼロ戦の風防用途だし，ポリエチレンはレーダーの絶縁材料，ゴムは軍用タイヤが主な用途でした．

塩ビの時代

　戦争が終わると，大多数の軍需産業は最大顧客の軍が消滅したのですから，それらは一斉に民需を目指さざるを得ないことになります．音の世界も，円盤から磁気テープ録音の時代へ変わり，大きな変革がありました．映画フィルムを含めてテープ用の材料は，引張変形が禁物ですから，高い引火性の危険があるにもかかわらず，ニトロセルロースが使われていましたが，次第にアセチルセルロースへ変換した時期でもあります．紙テープというのもあったようです．磁気録音になって音質の改善がありました．その技術革新に対応し，ソフトの販売では，LP (Long Playing) レコードの登場となるわけです．LPレコードになって，音質が圧倒的によくなり，長時間録音にもなりましたが，大指揮者トスカニーニの意見を入れて片面30分に決まったとか．LP関連の技術の進歩は急速で，ステレオ録音が可能になったのもカッティング技術や変調技術の進歩によるものです．

　LPに採用されたのが，塩化ビニル系樹脂（以下塩ビ）(図2) で，プレス成形で原盤を転写して量産されました．塩ビは，レコード以外にも一般家庭に最初

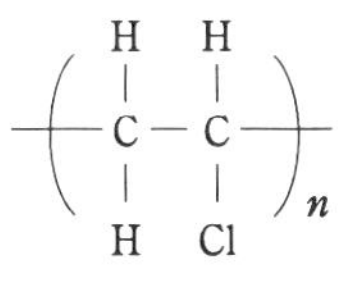

図2　ポリ塩化ビニル (PVC) の化学式

に普及した高分子ですから,高分子はすべて「ビニール」と呼ばれるようになったのは,現代までも続くイメージです.塩ビは元来堅い樹脂で,成形するには可塑剤などを大量に用いますが,成形性がよくまた耐候性も良い樹脂です.細かな溝(25 μm)をコピーするには非常に適しています.ただし,当時はこんなものは,音溝がクリープして10~20年しか持たないだろうと否定的な言われ方をされていたものです.

当時の音楽愛好家の立場からは,静電気が引き寄せるほこりによるスクラッチノイズに悩まされたものです.水入りのクリーナーとか,放電式静電気除去装置を使うとか苦労しました.また材料側でも静電気防止技術が一つの大きな研究テーマでした.ちなみに家庭用の接着材ボンド(酢酸ビニル系樹脂)を水で70%に薄めて全面に厚めに塗り,充分乾燥させてから剥ぐと,意外なほど簡単に汚れが取れてクリアな音になります.洗顔パックと同じです.

PMMAの時代

その後,デジタル録音方式が発明され,まず再生専用ですがレーザーディスク(LD)が登場します.これは,シグナルを光学ピックアップ(レーザー光の照射と反射)でシグナルを読み取るため,ベースになる素材には透明性が要求されました.高分子の透明性は,可視域に吸収がないのはもちろんですが,結晶を作らず光散乱が生じないこと,分子鎖がランダムで光学的な異方性がないことが要求されます.さらにLD用となると,適度な力学強度も必要となり,高分子材料も限られてきます.透明な樹脂といえばアクリル樹脂です.なかでも優秀なポリメタアクリル酸メチル(PMMA)が採用されました.図3に構造式を示しました.大きな側鎖をもっていて分子構造が複雑なことがおわかりに

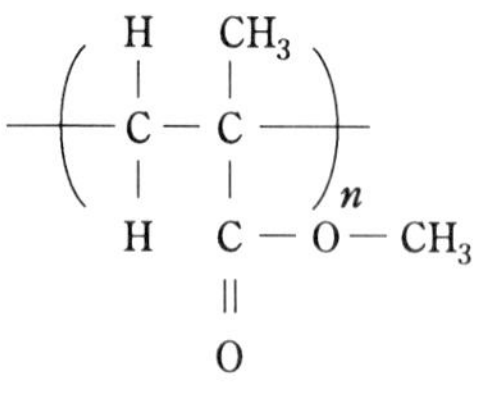

図3 ポリメタアクリル酸メチル(PMMA)の化学式

なるかと思います.分子間結合も形成できる酸素も含まれて丈夫さを兼ね備えるわけです.透明なプラスチックといえば,アクリルというのはいまでも同じです.レンズ系,透明容器,光ファイバーなどに使われています.PMMAは,光ディスクとして最高の高分子材料と思われましたが,音楽メディアとしての期間は意外にも短いものでした.

CD一族の勃興

デジタル録音は,その後コンパクトディスク(CD)が発表されました.半無限の寿命を持つ,全くノイズのないクリアなサウンドが売り物でした.当初は音楽だけでしたが,扱いの簡単さから記録メディアとして急速に普及したのはご存じの通り.今度も,時の大指揮者ヘルベルト・フォン・カラヤンがベートーベンの第九が入る長さと指示したため70数分と決まったとか.

また機械の操作性からの要求で片面になりました.樹脂は当然アクリル系が検討されました.ところが,大問題がありました.アクリル系樹脂は吸湿性が若干あるのです.LDは両面記録で表裏対称ですがCDは片面です.一方の面はアルミ蒸着やシールが貼られます.読み出し面は当然樹脂がむき出しの透明なままです.この非対称性で,吸湿すると反るのです.こうなると正確なトレースは望めません.そこで白羽の矢が立ったのがポリカーボネート(図4)でした.

ポリカーボネート樹脂(以下ポリカ)は非常に強いタフな樹脂です.若干の結晶性を有するのですが,急冷すると結晶できず透明になるのです.PETと同じです.音楽のデジタル記録をしたものを変調して,孔の列で表現したのが原盤ですが,ニッケルメッキしてスタンパーを作製し,円盤状の金型に貼りつけ,中心から半径方向へ溶けた樹脂を射出成形により注入し転写するのです.

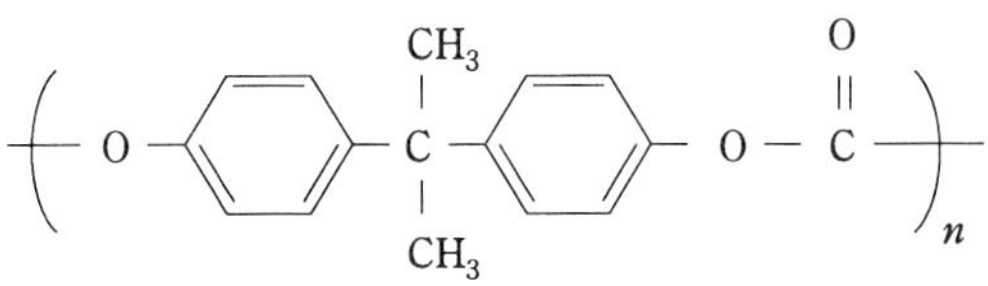

図4 ポリカーボネート(PC)の化学式

結構高い圧力で半径方向へ射出されるので，分子が揃って複屈折性が現れるのではと心配されました．射出成形では，数秒で1枚のペースでCDが作られていくのです．

　ポリカは，家庭では哺乳瓶，パソコンのケース，カメラボディなど絶対に壊れてはならないものに使われます．袋物では，カレー粉用など手で引きちぎれない袋がそうです．私の卒論のとき，厚さ3mm程度のポリカ板を渡され，破断面を出すように指示されました．これが割れない．傷をつけても，ノッチを入れても，踏んでも割れない．そのくらい丈夫です．いつだったか自分の授業の時に，ポリカの丈夫さを説明してから，一番前に座っていた，あまり力の無さそうな女子学生にCDを「割ってごらん．割れたら研究者をやめるよ」と軽口をたたきながら渡したところ，パーンと大きな音がして，一瞬教室がフリーズしてから，爆笑になりました．一体どれだけ分子量を落としているのだ．転写性を良くするために低分子のポリカにして粘度を下げているのです．それは強度を失うことでもあります．ちなみにCD用は分子量約15000だそうです．少し低めです．高分子量であってこそ高分子材料としての性能が発揮されます．

　音溝に相当するピットは，実際は図5のような単なる孔の列です．CDの約

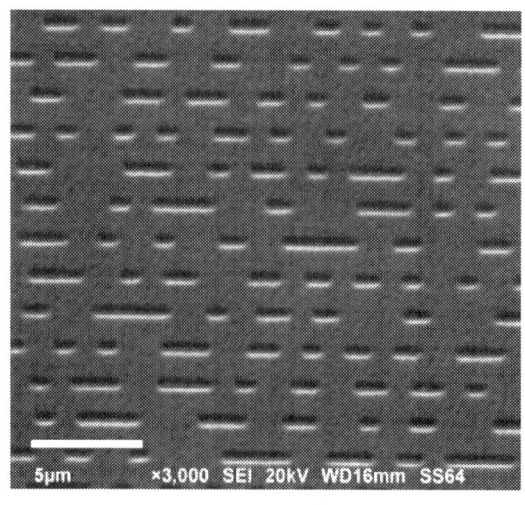

図5　CDの溝

束事では，時間方向の解像力を44.1 kHz，音の強度は16ビットに分割されます．音を暗号化して，溝にほりこみ，それを読み出して復調させるわけです．この孔の深さは，読み取りレーザーの波長の1/4にして，干渉を利用して明暗すなわち1，0として読むわけです．

CDの基本技術は，録音，録画，書き換えへも発展し，DVD，さらにブルーレイとなりますが，原則的に互換性を保って引き継がれていることは周知のこと．各家庭には，パソコン用ディスクを含めて，一体何枚あるのでしょうか．ただ，インターネットという強力ライバルの登場で，CD, DVDの将来がいささか心配です．

材質と音質

1960年代，ベルリオーズの幻想交響曲といえば，シャルル・ミュンシュ指揮ボストン交響楽団のレコードと決まっていました．当時のフランス国文化大臣で作家のアンドレ・マルロー氏は，同国に大オーケストラが無いことをえらく嘆き，それこそ鳴り物入りでパリ管弦楽団を創立し，常任指揮者にはアルザス出身のミュンシュをボストンから呼び戻したのです．当然のように第1回の録音は「幻想」でした．日本でも評判になり，東芝EMIから発売されたジャケットは，オギュースト・ルドンのパステルをあしらった洒落た物でした．でも仲間うちでは，日本盤とフランス盤は音が違うという俗説があり，フランスEMI盤を探そうということになりました．さんざん探して，中野の輸入レコード屋で買い求めることができました．早速試聴ということになりましたが，最終楽章で名手モーリス・アンドレが吹くトランペットの輝きが違うなあと無理をしていました．そこは技術屋らしく，レコードに使う樹脂の弾性率制御の問題だろうと納得していたのは遠い過去のことです．

最近押し入れの奥の奥からこのレコードを引きだし，同時にプレーヤーもほこりを払って聴いたところ，これがいい音のすること．極細繊維の眼鏡ふきで入念に拭いたせいか，スクラッチノイズ（ほこりによるパチパチする音）も気になりません．ポリエステル極細繊維のクリーナーはレコードでも威力があり

そうです．もっと驚いたのは40年も経ってもレコード溝はクリープ変形なんかしていないことです．

　CDでも，ポリオレフィン系とかポリカ以外の素材が出てきました．複屈折とか透明性を改善して，音質をよくしていると喧伝されていますが，LP時代ほどメーカーによる音質差は少ないようです．第一，我々はそんなによい耳をもっているのかは，はなはだ疑わしいところです．

　そのCDですが，半永久的とうたっていたにもかかわらず，だめになったものが我が家で，もう数枚あります．扱いのせいかもしれませんが，ポリカより塩ビだよなあ．塩ビは1970年台が全盛で，その後ダイオキシン問題で悪役に転じましたが，安くて丈夫で，合成高分子の中で最高の性能と使い勝手のよさがあります．X線を止めるし，フィルムでよし，ファッションでよし，水道管でよし，電気コードでよし，音もよしです．

楽器の代替えはどこまで進んでいるか

　プラスチック化の波は当然楽器にも押し寄せています．プラスチックというとなんとなく代替え品的なイメージが，どの分野でもつきまといますが，特に伝統楽器では古い物が珍重されます．しかし，再生音楽・電気音楽の発展につれて，音楽も一部の人々のものではなくなり，楽器も普及しましたが，とてもオリジナル楽器ではまかなえず，プラスチック化は，もはや元には戻れない確固たる地位を築いています．

　弦楽器でいえば，弦そのものがナイロン中心になっていますし，ティンパニーやドラムは完全に高分子系フィルムでしょう．ただし，ラベルのボレロの小太鼓だけは天然皮製でないとだめだという向きは多いようです．日本の小学生が習うリコーダーは，もっとも普及した楽器でしょうが，もとはユリア樹脂が使われ，現在はABS樹脂（アクリロニトリル・ブタジエン・スチレン樹脂）に変わったぐらいでずっと樹脂製です．ABS樹脂は，航空機や冷蔵庫の内装に使われるタフな樹脂で，小学生が放り投げたぐらいでは壊れないとのことです．

　管楽器でも，マウスピースには，古くはエボナイト（ゴムと硫黄の混合物），

鍵盤楽器も昔は象牙でしたが，今はアクリル系樹脂やフェノール樹脂が使われています．汗の吸収や感触を考えて天然系の高分子を適当に混ぜて使われているようです．これらの代替えが音楽に与える影響は少なからずあるでしょうが，普及を考えると安価で大量に供給する必要性はますます増大することでしょう．

スピーカー

音と言えば最終的にスピーカー，スピーカーといえばコーン紙ですが，特に振動板は，軽くて高い弾性率が要求されます．そのため高分子材料の出番が多い部分ですが，合成系ではポリプロピレン，液晶高分子など，分子をぎゅっと配向させて弾性率をあげているものが多く用いられています．炭素繊維を混入したり，ダイヤモンドコーティングした物などもありました．新素材が出るたびにスピーカーに使われるのですが，なんだかんだで結局紙に戻ってくるのが面白いところです．紙と言えばティッシュペーパーなどのイメージから柔らかと思われるかもしれませんが，セルロースは剛直な主鎖をもつ高分子で，高い弾性率の材料なのです．

ヘッドフォンやイヤホンになりますと，もっと小さな振動板で，音源から鼓膜まで極端に近くなります．こんな小さな振動板で大丈夫かと思いきや，豊かな低音やのびのある高音があって，驚くほどの高音質です．大音量が不要なためです．携帯電話も含めてですが，フッ素系樹脂が有力です．図6のようにフッ素原子が炭素原子に2つ付いたポリフッ化ビニリデンが主役ですが，極性が大きく高電圧をかけて永久分極させたフィルム（エレクトレット）が作りやすい樹脂です．ロッシェル塩と同様に圧電性を示すのです．分解してみるとわかりますが，ちっぽけなフィルムが出てくるだけですが，こんな小さなもので，十

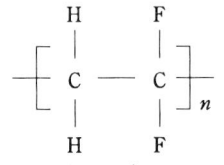

図6　ポリフッ化ビニリデン（PVDF）の化学式

分にビートルズやマイケル・ジャクソンの代わりをするわけです.

　反対に, 音を拾う小型のマイクロフォンもスピーカーと同様に, 圧電変換ですからフッ素樹脂が振動板に使われます. 最近のエレクトレットコンデンサーマイクの性能は驚くべきものがあります. 携帯電話や, 小型オーディオ製品がこれだけ普及した今, 高分子機能材料は補助的役割から主役に躍り出たと言っても過言ではありません.

　マイクと電線を通じた再生音楽のすべては, いわゆる生ではないし, エレキ系の楽器はすべて, 楽器そのものの音が, 最初からスピーカーの音になっています. やはり音楽は生が本物だとしても, なにが生で何がまがい物か定義のむずかしい時代になっています. ライブでも, スピーカーなのですから. しかも生演奏というより, 再生音楽をきいて, 「人生の生きる力をもらいました」と感動する世代が圧倒的になったことを考えると, 「嘘から出たまこと」と言ってもいい時代になったのではないでしょうか.

音楽家との対話

　音楽についてはやはり音楽家に聞かなければと, 尊敬する河野土洋先生(K)と私(I)とが話し込みました. その概要です.

I: 音楽における楽器とその素材について. まず新素材の出現で楽器は進歩しているのでしょうか. あるいは音質を犠牲にして量産せざるを得ないと妥協しているのでしょうか.

K: 常に進歩していると考えるべきではないか. たとえば, ピアノの鍵盤は象牙と黒檀で作られていたわけですが, いまではプラスチックに換わっている. これは避けられないし, 元に戻ることもない. 弦もガットからナイロンを中心にした合成繊維に換わっているが, 丈夫だし, 音だって悪くはなっていない. もともとすべての楽器は天然素材を使っていたけれど, 普及すると当然, 量の問題になる. ティンパニーなどは天然皮にもどることはないのではないかと思う.

3章 音楽と高分子 —嘘から出たまこと—

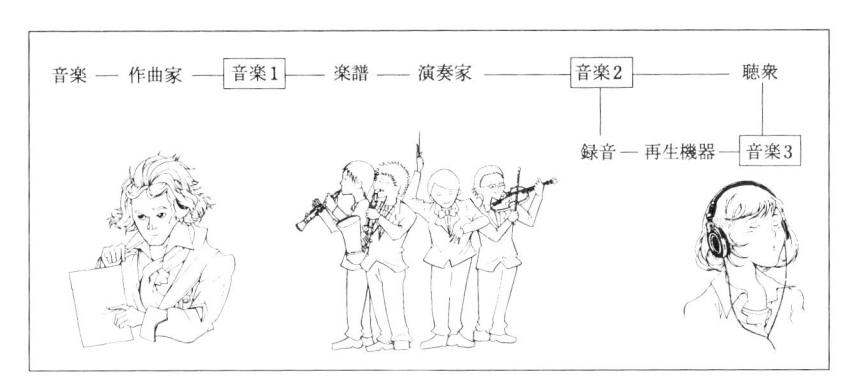

図7 音楽1，音楽2，音楽3は同じ？

I： 研究者も音楽好きな、ながら族もいれば、思考中は雑音だという人もいます。しかし、音あるいは音楽は、研究上の思考と深くかかわっているのではないかと常々思っています。自分自身でもパソコンのキーボード音でリズムを取ったりするし、警報音などで状況を把握しながら複数のことを行っています。これは音で、音楽とは言えないかもしれないけれど、まず音楽とはどう捉えたらいいのでしょうか。

K： 音楽は1音でも音楽になり得ると思う。音楽家が音に意味を持たせたら音楽へ変わるということだろうね（図7の音楽1）。今言われた警報音やチャイムは、昔から重要視されてきたし、飛行機の中のポーンという音は非常に柔らかいが、皆聞き耳をたてるだけの力を持っている。サウンドロゴなど、パソコンの時代になって重要性をますます増すでしょうね。今の若い人は、ゲーム音も音楽なのでは。

　音は物理的には空気の振動という客観的な側面があるので、科学者はすぐに高調波成分とかフーリエ解析とかf振らぎとか言い出すが、音楽家は五感でしかとらえない。楽譜は音楽家のこころを残そうとしたもので、演奏家によって再現される必要があります（図7の音楽2）。これは、作曲家の意図した音そのものではないが、精神は引き継がれています。ここで楽器とその編成が問題になりますが、いわゆる名器とよばれる楽器でなくとも、音楽家のイメージは再現できます。楽器は音楽を再現させるツールに過ぎないのです。

I: 指揮者とか演奏家の手を経てでないと，ベートーベンを生で聴くことができない．さらにいうと，アンプを経由して録音したものを再現して楽しむことがほとんどです．いったい生の音と録音との関係はどう考えたらいいか．

K: 音楽家のイメージした音楽は，演奏家というまあ一種の編曲家を通して再現されるが，これはマインドとしては作曲家と同じものでしょう．さらに録音したものを聞いても（図7の音楽3），ベートーベンのマインドは伝わります．だから感動する．結局音楽は，途中はどうあれ，音楽家と聞き手の対話であるから，オリジナル楽器でも，まがい物楽器でも，生オーケストラでも，音質のよくないラジオでも，「運命」は「運命」として聞こえる訳で，感動は同じようなものではないか．いい音で聴くに越したことはないが，絶対ではないと思います．たとえばMP3に圧縮して，イヤホンで聴いても感動します．ただ，楽器やステレオセットは道具にすぎないが，そこに命を吹き込むことはできるのです．とどのつまり作曲家が作り出した音列と，それを再現するミュージシャンと，聴衆の感情が共鳴したときに感動が生まれる．図7の音楽1，2，3は人間のこころという意味で同一位相にあります．音と音楽の違いは，人間の感情が入っているかどうかになるのではないでしょうか．そうはいっても，録音技術や，楽器の進歩は音楽の普及にとって不可欠ですから，音楽のマインドを持った技術者は重要でしょう．

I: いろいろな分野でコンピュータによる産業革命がおこっていますが，音楽の世界も2000年当たりを境にずいぶん様変わりしているように思います．どう捉えておられますか．

K: それは，とてつもなく大きいと思いますよ．まず，作編曲は「打ち込み」が常識化して，作品は「納品」する時代になった．まず，写譜屋が消え，演奏家の需要が激減し，録音技師，ミキサーなどの職も風前の灯でしょう．今の音楽は，小編成の実演もの少し残ったぐらいで，アイドル歌手などはバックミュージシャンもつけないことが多い．第一CDの売り上げも携帯・ネットに取られて激減ですよ．ただ，音楽そのものがなくなった訳ではないので，古いスタイルから，未知の世界へ転換中ということではないでしょうか．

I： 古いスタイルと言えば，先生はバイオリンから音楽へ入られましたが，バイオリンといえば，ストラディバリという超有名なスターがあるわけで，こういった古楽器はやはり現代の技術では再現できないのでしょうか．
K：ストラディバリのバイオリンに関しては，板の材質，膠，ニス，弦などなど，たくさんの解析本が出ていて，もはや伝説の域に達していると思う．実用楽器というより，貴重な工芸品まで行ったので10億円以上という値が付くわけでしょう．実際の音がいかにすごいかは，マイクを通して録音され，スピーカーで聴いては，分からないと思いますよ．やはりバイオリンの音としか聞こえない．ある意味では現代のテクノロジーが良い音で奏でているのだと思います．材料の進歩とコンピュータは音楽シーンを完全に変えたと思います．

近松門左衛門

　近松は1700年頃に活躍した戯曲家で，100年前のシェークスピアに匹敵する大作家です．何となく食わず嫌いでしたが，ひょんなことから国立劇場で，文楽を見る機会を得ました．吉田簑助文化功労賞顕彰記念と銘打った公演で，簑助の当たり役「曾根崎心中」のお初が見られるとのことで，前売りはあっという間に売り切れたとか．
　人形浄瑠璃をはじめて見た時は，まず黒子が気になります．いないことになっているといっても動くわけですから．ついで人形遣いの素顔が気になりますし，右袖に居る物語る太夫と三味線に注意が行きます．人形は思ったより小さいので，なかなか溶け込んでこないのです．
　俗に三味線には猫の皮が使われると信じられていますが，はたしてそうなのでしょうか．弦は絹糸，バチは象牙となっていますが，和楽器のプラスチック化など見当もつきません．
　そんなことを考えるうちに次第に状況になれてくると，一番人間的でない白面の人形だけに，注意が集中し始めます．音曲と人形遣いの巧みな操作で，舞

図8　人形浄瑠璃　　　　図9　『近松門左衛門』（角川ソフィア文庫）

台が渾然一体となって，美の世界を醸しだし始めす．人形遣いが気配を消して，虚の部分であるはずの人形に命を吹き込むのです（図8）．曾根崎心中では天満屋の段になると，ぐっと人形の存在感が増します．このあたりオペラにも似ています．ヴェローナのアリーナで見たアイーダにも勝るとも劣らないと思います．スケールは違いますが，遊女お初（吉田簑助がすばらしいという）が道行きの決断を徳兵衛に迫る天満屋の段あたりと，第4幕で王女アムネリス（ジュリエッタ・シミオナートにとどめをさす）がラダメスに決断を迫る緊張の場面は同じだと感じました．人形浄瑠璃は主役が生身の人間でない分，不思議なリアリティを持ってくるのが，嘘の部分から，人間のあるべき姿が透けてくるようで，すなわち「嘘から出たまこと」でしょうか．曾根崎心中は，近松の近松たる評価を確立した作品として重要であり傑作でもあります．戯曲ですから，演じ手の能力も要求されるようです．

『近松門左衛門』（井上勝志 編，角川ソフィア文庫，2009）（図9）に『曾根崎心中』が解説されていますが，近松は原文で読むのが一番でしょう．文章は短くて，内容も平易です．太夫が語るために書いているので，もともと音楽的に出来ているのです．平家物語もそうですが，書物が少なく読書が普及していない段階では，語りが重要な文学形式でした．日本古典は諦観が基本です．まこ

との科学(お初に相当するか)が, ぐずぐずしている私(徳兵衛だろう)に心中を迫っているようで, 身につまされた幕切れでした. ちなみにお初と徳兵衛が行った先が曾根崎天神で, 別名「お初天神」と呼ばれています. 学問の神様, 天神を祭っていることは言うまでもないことです.

椿姫

　曾根崎心中と似たような位置付けにある西洋オペラに, ヴェルディ作曲の有名な「椿姫」があります. 原題は「ラ・トラビアータ」と言います. この意味は道を踏み外した女というのだそうです. 主人公の名前はヴィオレッタといいます.「スミレさん」と訳すのでしょうか.「椿との関連は?」などと, 何となくしっくりこないといっても, 特にオペラを楽しむ分には何ら関係ありません. それより肺結核で死にゆくヴィオレッタが巨躯のソプラノ歌手で堂々と歌っている方が, 違和感を感じます. ヴィジュアル時代になって, 容姿も重要視されましたが, 声の個性はむしろ減じたような. 余談ですが, ビルギット・ニルソンというドイツのダイナミック・ソプラノを聴きにいったことがあります. 帝王カラヤンにも, 対抗できた大歌手ですが, 体もでかいし, 声はもっとでかい. ワーグナーの一節を唸ったときなど, いすに体が押しつけられるほどの圧力を感じたものでした. 確か還暦あたりの年頃ではなかったかと. 同じような感覚は, ピアノのマルタ・アルゲリッチを拝聴したとき, 前から2列目でよく見たのですが, 黒いドレスで颯爽と現れ, 黒髪がばさりとたれ, ぐっと構えた太い二の腕がスポットライトに栄えて, 思い切り鍵盤をたたきつけたスタイルが未だ目に焼き付いて離れません. 曲はラベルの「夜のギャスパール」. 是非CDで聴いてみてください. 研究がはかどります.

　椿は美しいものがはかなく消えていくという花言葉だそうです. 椿ならばカメリアのはずですが, たしかにデュマの原作はそうなっています. オペラ化のどこかの段階で脚色があるのでしょう. 和訳は事情が分からないから原題のまま通用させようとしたのでしょう. だいたい戯曲・舞台劇は悲劇でないと観客が納得しないとか. 心中は「和風のテイスト」ということのようです. 文化や

3章 音楽と高分子 －嘘から出たまこと－

技術の導入に当たっては，表面的な部分だけではなく，背景や歴史を含めて考えないと，どこかで綻びがでないとも限らないようです．

▶▶▶ ▶▶▶ ▶▶▶ ▶▶▶ ▶▶▶

化学熱力学国際会議での音楽会．国際会議では，音楽会が催されことが特にヨーロッパでは普通です．筆者が運営に携わった化学熱力学国際会議ICCT2010がつくば国際会議場で開催されました．河野土洋先生に作曲と編曲をお願いし，弦楽四重奏の夕べと題した本格的なもので好評でした．聴衆がすべて熱の専門家というのが，珍しい光景．音楽の持っているエネルギーは大きい．

ヴェネチアの教会で．イタリアの古い街では，必ずと言っていいほど古楽器や楽譜が展示してあって，音楽への愛着と伝統の維持を強く感じます．音楽の聖人聖ティチェリアの名を冠した教会も，オーケストラもあります．

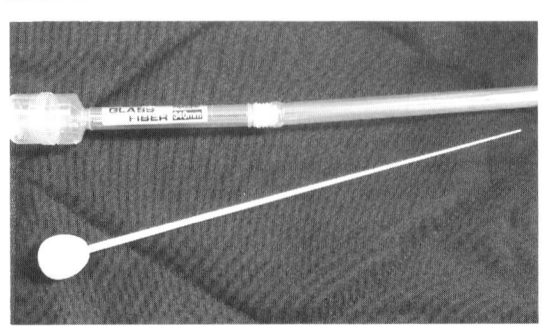

指揮棒．さて指揮棒は何でできているのでしょうか．ケースはポリエステル製，握りの部分はコルク（汗ですべらないためでしょう），棒の部分はガラスファイバー強化不飽和ポリエステル製です．

❹ 永遠のセルロース
－故きを温ねて新しきを知る－

人類とセルロース

　自宅のどこかに座り，しずかに頭を廻してあたりを見渡してください．すると，一番多い高分子材料がセルロース系であることがわかります．家具，寝具，床材，衣服，ふすま，書籍，新聞紙など実に圧倒的な存在感です．

　人類とセルロースは古いつきあいの高分子材料の原点です．セルロースを簡単に言うと，植物が二酸化炭素と水から作り上げる細胞壁のことです．われわれは，周囲の自然から木や草を採取して利用してきました．さらに品種改良にも乗り出し，棉などを栽培して巧みに使って来ました．利用の経過としては，植物をそのまま用いる，繊維を取り出して布に織る，紙に漉く，人工的な繊維をつくる，フィルムにする，の順で工夫してきたのです．布の発明は古く，その起源を論じることは少ないのですが，セルロース系の紙の発明は中国の蔡倫ということになっています．唐の時代には既に一般化していたようです．そういえば我が国の遣唐使は，大量の文献，経典を持ち帰って来ています．古事記も日本書紀も紙に墨で書かれていたのです．

　一方の西の文明では，パピルスや羊皮紙ですが，量産性や保存性に問題がありました．植物繊維を用いた製紙技術が，文明に寄与した役割は想像を超えますが，あるいは文明そのもの，さらには概念そのものを確立させた材料といっても良いかも知れません．書籍なしに文明は広がらなかったからです．

　この製紙技術は，東から徐々に西方へ伝えられ，イスラム圏を経てスペインへ上陸，さらにキリスト教文化の本山イタリアには13世紀中に伝わったといわれています．木版印刷術もまた中国文明の発明です．現存する最古の印刷物は，中国ではなく日本の法隆寺に770年に刷られたものが残っています．この印刷術は，製紙術とともに，ほぼ同一ルートで西方に伝わりました．マルコ・

ポーロが中国から紙幣を持ち帰って,ヴェネチアで木版印刷が始まったという俗説があるくらいですが,いずれにしろ発明時から見て,相当後世になってのことであることがわかります.布や紙が文明の象徴として力を持っていた時代は,量産を可能とした近代工業が発展するまで意外なほど長くつづきました.

セルロースの性質

図1は,セルロースの化学構造を示します.六員環椅子型をしたβグルコースが長くつながったものです.グルコースは植物が光合成で作りますので,$6CO_2+6H_2O=C_6H_{12}O_6+O_2$の反応がベースです.この基本単位が脱水することで重合してセルロースになりますから,$(C_6H_{10}O_5)_n$という表現になります.このnは重合度という結合分子数になりますが,若木ほど小さく,古木ほど大きなものになります.また結合の方向もランダムではなく,植物がまっすぐ伸びているように,一方向に成長した高分子になっています.

さて,化学構造を見ていただくと,セルロース基本骨格には水酸基が3つ含まれています.これが主鎖方向とほぼ直角についていて,セルロース分子とセルロース分子の間を水素結合で形成できるようになっています.長さ方向にはまっすぐな分子で,しかも複合環構造,横方向へは強固な水素結合をとってフィブリル(繊維束)を形成しますから,原則的に堅くて強い材料になります.数十メートルに達する巨木を支えることを考えると自然の奥深さを感じさせられます.

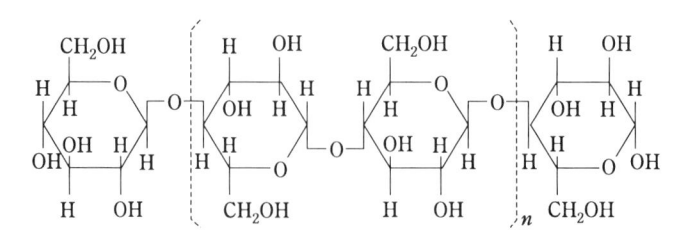

図1 セルロースの化学構造

植物由来のセルロースは，元来堅い材料ですから，肌に接触させる布（繊維）の改良に人々は心血を注いできました．弾性率の高い材料は，細く長いものを成形して織物としたとき，初めて柔らかと感じます．見かけの弾性率が下がるため，風合いはソフトになります．あの堅いガラスとガラスクロスの関係と同じです．ティッシュペーパーなどを例にとると，一見柔らかそうですが，あくまで人肌に対してであり，繊維素は結構な堅さを持っています．めがねを強く拭くと傷が付くゆえんです．

　天然のセルロースは人手で細くはできませんから，細い繊維を作り出すものが，風合い上から珍重されることになるのです．まず質のいいセルロースを作る植物が探索されます．普通の植物のセルロース含有率はおよそ50％，亜麻になると80％，さらに綿花になると98％にも達します．これだけでも綿花の重要性がおわかり頂けるかと思います．とくに植物は土壌と気候に依存しますので，亜麻も綿も産地によって性質が違い，当然値段も大きく変動します．

　溶解性はどうでしょうか．植物が雨に溶けるのもおかしな話ですから，水をはじめほとんどの有機溶剤に不溶です．セルロースは，「水から作られ水に溶けない樹脂」なのです．ただし，水との親和性がいいのは，水酸基がすべて結合に使われずたくさん残っているためです．この結合していない水酸基が空気中の気体水分子と結合するのです．この「水から作られ水となじむ」というセルロース性質が現代でも貴重な物性の一つです．

　セルロースはいわゆる炭水化物ですが，一般に光合成由来の糖類はたくさんあり，結合の組み合わせ，結合方向の違いによる光学的な異方性，側鎖の付き方の方向などの，ほんの少しの結合違いが，性質を大きく変えてしまうのです．もちろん糖類それぞれ役割があって，ブドウ糖からデンプンを形成する系統は，同じようでもセルロースとは結合が少し違って，食料・エネルギーとしての役割を担っています．デンプンを我々は体内で分解できますが，残念ながらセルロースを分解できる酵素を持たないのです．植物や糖類と人間のつきあいは人類発祥以来ですが，分子構造と性質が明らかになって利用範囲が拡大したのは最近のことなのです．

セルロースの再生利用

　セルロースのように分子間に強い結合をもつ高分子は,つまり熱しても溶けることがなく,融点が観測できないのです.高温になると部分的に脱水分解して炭化するのが普通です.蒸し焼きにすると元の形を残した木炭ができることをお考えください.空気中での昇温では最終的に炭素も酸素でガス化してしまい灰だけになります.

　セルロースに限らず分子間結合が強いものや主鎖が剛直な高分子,アクリル繊維や,ポリイミド,フェノール樹脂などは融点を持ちません.分解が先に来るからです.こういった樹脂は,上手くコントロールすると工業用途の炭素材料の原料となります.

　溶剤に溶けずまた高温でも溶けないということは,利点である反面,人間側でコントロールしにくいことにつながります.古くなった繊維やくずの繊維をなんとか利用できないかと考えるのは,綿が貴重な時代には自然な発想です.純粋のセルロースはそのままでは再利用は難しいので,分解して何とか再生繊維などを作れないかという研究が起こるのもわかります.その結果,強酸で加水分解してセルロースを溶かし,ニトロセルロースやビスコースレーヨンが発明され,20世紀になって一大工業が出現したのです.いまの高分子工業のさきがけです.日本でも東洋レーヨン(現 東レ),三菱レイヨン,東邦レーヨン,帝国人造絹糸(現 テイジン)などが設立され,その技術開発の流れの中で代表的材料メーカーへ発展しています.現在の大学で,材料工学とか高分子工学,または生体工学といった専攻の前身をたどると,ほとんどがセルロース工学にルーツを持つのではないでしょうか.筆者らの専攻も同様です.近代工業の勃興期には,ウールや絹も含めて天然素材を大切に使うという精神にあふれていました.現代の低炭素社会と称する脱石油の考え方を押しすすめると,自然との共生という「故きを温ねて新しきを知る」機会がまた訪れているように思えます.

セルロース系の高分子材料と応用

　先に述べましたようにセルロースは,糖であるグルコースを脱水して作られるので,逆に強い酸を用いて加水分解できるのです.そうして作られた最初のセルロース系高分子が,ニトロセルロースです.水酸基をニトロ基に変えるのです.もし,すべてニトロ化できれば14%強の窒素を導入できます.ただし,ここまでニトロ化すると,素材というより綿火薬と呼ばれる爆薬になります.それまでの火薬といえば黒色火薬で,爆発とともに黒煙が発生するという欠点がありましたので,無煙火薬として一世を風靡することになりました.ニトロ系化合物が近代的戦争の主役になり,その利潤によってノーベル賞が創立される,ノーベル賞を目指したユニークな研究がまた戦争に使われと,シジフォスの神話そのもののような気配です.

　もうすこしニトロ化を押さえると溶剤に溶ける樹脂になるため,キャストしてフォルム状に成形することが可能になりました.初めて柔軟で透明なフィルムの量産に成功したのです.さっそくその透明性を生かして映画用フィルムに応用されました.20世紀の映画の発展には不可欠の材料として貢献したというより,映画をフィルムと呼ぶことになりました.このセルロイドは樟脳を可塑剤としたニトロセルロースで,現代の合成樹脂が一般化する前は,玩具などに使われたのです.ただ窒素系樹脂は,もとが火薬ですから燃えやすいという大問題がありました.投影機のランプからでる赤外線で発火する事故が後を絶たなかったといいます.

　透明性を維持して発火性を抑えた材料が開発されました.アセチルセルロースです.セルロースは水酸基を持っていて,アルコールと同じですから,酢酸と反応させればエステルができることに着目したものです.要するに,水酸基を消してしまえば分子間結合が弱まり,加工性が向上するのです.3つの水酸基をすべて酢酸エステルに変えたものをトリアセテート,2つだけ変えたものをジアセテートと呼びます.現実には全部というわけにもいかないので,いろいろなアセチル化度を持ったものができます.アセチル化によって,セルロー

ス鎖間の水素結合が弱まりますので,アセトンなどの有機溶剤に溶けるという性質を獲得したのです.溶剤に溶けることは,繊維を形成できるとかフィルムに成形できることにつながります.

ビスコースはパルプをアルカリと二硫化炭素で溶かした液体のことで,細孔ノズルから吹き出して湿式紡糸したものをレーヨン,スリットダイ(平板のすき間)からフィルムに成形したものをセロファンと呼んでいます.また溶剤として,硫酸銅とアンモニアを使えばキュプラ(ベンベルグ)と呼ばれる別の繊維になります.生産量は激減したものの,現代でも重宝されています.

セルロース系素材は決して古びておらず,その応用としては,いわゆる人絹としての繊維材料,アセチルセルロース膜やセロファンといった透明フィルム,生体適合性の良さを生かした医療用材料など幅広い分野にわたります.なんと言っても吸湿性の高さと人体への安全性に優れているのです.とくに水は通すがイオンは通さないという半透性がありますので,人工透析用の中空糸にも,いまだ使われているようです.私が少し関与したものに逆浸透膜というのがあります.現代では,海水の淡水化,ジュースの濃縮などで注目されていますが,研究はおもに1970年代に行われました.当時の実験室レベルでは,ジアセチルセルロースのアセトン溶液をガラスに塗布して軽く乾燥させ,氷水へ投入して,残りのアセトンを急激に水に溶かす方法でした.乾燥によって緻密な半透性の表面層を,急激な脱溶媒で多孔質の保持層をつくるという非対称膜を形成させるのです.この操作で,適当な透過量と分離性能をコントロールしたものです.分子にある水酸基が選択的に水を引きつけるという性質をうまく利用するのです.逆浸透膜(RO膜)は,原発事故の汚染水の浄化にも使われています.

CMCという言葉を聞いたことがありませんか.最近のセルロース応用の典型がこのCMC(Carboxy-methyl cellulose:カルボキシメチルセルロース)です.セルロースを処理して水酸基をカルボキシメチル基というエーテルとしたもので,セルロースもここに至ってとうとう水溶性になりました.セルロース系のCMCは,経口でも無臭無害ということで,安全な増粘剤として,工業系食品のあらゆる分野へ進出しているのではないでしょうか.アイスクリームとかレ

トルト食品とかで,おそらく誰もがたくさん摂取していると思います.当然,医薬品や化粧品にも普及していることでしょう.

これで衣食住にセルロースが進出できたことになります.セルロースは有史以来の友人ですから,これからもますます応用範囲が広がるのではないかと思いますし,先人の残した蓄積されたまま未使用の膨大なデータが生きる展開になるかも知れません.まさに温故知新でしょう.

グーテンベルク

セルロースの機能的用途の最大のものに情報メディアがあると思います.紙と印刷です.紙媒体は情報メディアの王者として君臨してきました.我々は教科書で教え,教えられ,読書で知識を増やしてきたのです.この形式が一般化して今日的な形態として確立したきっかけが,15世紀のグーテンベルク(1398?〜1468)の印刷術の発明であるということは,世界的にひろく認識されていることです.ただ,この時期に決定的な発明があったというわけでもなさそうです.印刷術も,紙も,火薬も,羅針盤も東方世界から主にイスラム圏を経てヨーロッパへ伝えられたものです.グーテンベルク印刷機が歴史に名を残すことになったのは,印刷術または印刷業としてのシステムの完成と波及効果を評価されてのことでしょう.出版を巡る社会的,技術的要素が有機的に繋がったために知識の蓄積が開始され,世界を支配する方法論にまで発展したのです.何ごとも単発の技術だけでは発展できない証左です.

大変革には必ず技術的な裏付けがあります.第一に紙の量産が可能になったこと,両面印刷を可能とした粘度の高いインクが開発されたこと,木の活字から鉛活字になったこと,ワイン製造機をベースにした印刷機の発展があったことなどです.ローマ字が漢字と比較してシンプルであることも幸いしたでしょう.とにかくヨーロッパは出版業を生み出したのです.それまで修道院の奥底に鎮座していた書物が,大手をふるって庶民のところまでやって来たのです.出版業の勃興は,書き手と読者の飛躍的増大を意味しますが,グーテンベルクの発明から爆発的な普及まで数十年を要しており,その間に識字率の向上,コ

ンテンツの増加などがあったと思われます.

老眼鏡

　もう一つ見逃せないのが,この時代の老眼鏡の普及です.屈折や反射といった光学の基礎はアラブ文明から発展したものですが,眼鏡の普及は,ヴェネチアのガラス職人が凸レンズを老眼鏡へ応用したことによるらしく15世紀に普及したという説が有力です.老眼鏡を獲得した年寄りは,読書によって他者の知識と照合させ,それまでに自分が獲得した経験を深化させるとともに,著者として活字文化を創出したに違いありません.

　ヴェネチアは当時最大の文化都市で,工業用の印刷機もここで発展し,ここで考案されたのがイタリック体で,グーテンベルク系の北方ゴシック体に対して軽快で洒落た活字を用いたのです.15世紀末にはヨーロッパの250都市に出版社があったということですが,ヴェネチアは,全体の7分の1の出版量を誇っていたそうです.これらの流通可能な知識を受け継いだ人間たち,たとえば,幅広い知識を必要としていた商人階層,技術者層を中心に知識階級を生むことになり,これらの人材の出現が,16世紀以降のヨーロッパの世界制覇へ甚大な影響を与えたと私はにらんでいます.

焚書

　印刷の普及は聖書関連書物の出版によると言われていますが,それはあくまで初期の話であって,実際は世俗化のスピードが早く,ハウツーものとか,ゲーム本,旅行記,ついには好色本が出版普及に貢献したことはほとんど確実でしょう.現代でのビデオデッキの普及に通じるものがあります.普及というのは大衆を相手にしなければならない点に,必ずしもベストなものが選ばれない理由があります.その間に識字率はあがり,眼鏡も普及して読書層の拡大もあったことが推定されます.読書は好奇心を満足させる魔力をもっているのですから.

4章 永遠のセルロース－故きを温ねて新しきを知る－　　53

　このような現象を一種の退廃とみた保守系宗教家も当然います．1498年当時フィレンツェを実質支配していた原理主義者サボナローラです．彼はいわゆる焚書に踏み切ることになりました．焚書とは，体制に不都合な書物を集め焼き払うことを言います．あとから見ると大切な人類の遺産が大量に失われたことになるのは言うまでもありません．書物の持つ力をいかに恐れたかの証拠でもあります．古今東西，焚書の例はたくさんありますが，サボナローラのものはグーテンベルク後の最初であり，歴史的に有名です．印刷業の発展で，当時の記録が大量に残されたことも後世まで知られた理由でしょう．フィレンツェの広場で，山と積まれた文物の中には，裸婦像などの絵画とともに，ボッカチオのデカメロンが大量にあったと言います．印刷物の普及のスピードがいかにすごかったかということでしょうか．

世界の変動へ

　いずれにしろ，玉石混交の出版物の氾濫は，文字通り人類史を大きく書き換えることになりました．とくに商業・技術への影響は極めて大きいものでした．技術的なノウハウが一番書物に適しているからです．まず，利潤の計算，投資効率の計算のために，流通業や銀行業務を担っていた主にイスラム社会の中心コルドバのユダヤ人あたりから発展した方程式の解法技術があります．これらの技術は，イベリア半島のイスラム教徒が追放されたいわゆるレコンキスタによって，ネーデルランドや北イタリアへ逃れたユダヤ人を通じてヨーロッパ世界に広まりました．この秘法を学ぶための教科書出版が起こりました．
　一方，工学では当時発展しつつあった織機，工作機械，造船，武器の製造法に関する出版は，ヨーロッパ世界での普及と急発展に寄与したことは明白です．口伝から知識の蓄積への変化は学習法を一変させたことでしょう．こうした状況での，外航船の発展と武器の開発は，コロンブス以降に始まる，ヨーロッパ文明の世界制覇へとつながっていくのです．セルロースの新しい用途が，博物学という知識のデータベース化を呼び，ヨーロッパの発展をもたらしたのです．まさに論より証拠の時代の出現でした．

読書によって知識を得た野心に富んだ冒険家(商人)がアフリカ，アメリカ，アジアに堂々とやってきたのが1500年前後のことでした．一方で，コペルニクスやルターなどによる新思潮にもとづいた著作の出版は，その後の世界観を変える原動力にもなったのです．それまで先行していた中国文明は，システムとしての知識の集積と普及にやや後ろ向きだったのかも知れません．

西暦 1500 年

表1をご覧ください．西暦1500年に生存していた西洋の著名人とそのときの年齢です．日本でもよく知られている人物をざっとあげただけでこんなになります．比較してみると1400年では著名人はほとんどいませんでした．グーテ

表1 西暦1500年頃に活動していた著名人（政治家を除く）

著名人	生没年	1500年時の年齢	備 考
ボッティチェッリ	1445 ～1510	55	イタリアの大画家
ジョスカン・デュ・プレ	1450 ～1521	50	最初に楽譜を出版したフランスの作曲家
ヒロムニス・ボッシュ	1450 ～1516	50	ネーデルラントの幻想的版画家・画家
コロンブス	1541?～1506	49	ジェノバの冒険家 アメリカ発見
レオノルド・ダ・ヴィンチ	1452 ～1519	48	イタリアの画家にして発明家
エラスムス	1467?～1536	33	オランダの思想家 痴愚神礼賛
バスコ・ダ・ガマ	1469?～1524	31	ポルトガルの冒険家 南回りでインド到達
マキャベリ	1469 ～1527	31	イタリアの思想家 君主論
アルブレヒト・ディーラー	1471 ～1528	29	ドイツ絵画史上最大の版画家・画家
ルーカス・クラナッハ	1472 ～1553	28	ドイツの版画家 画家 ルターの肖像画
コペルニクス	1473 ～1543	27	ポーランド思想家科学者 地動説
ミケランジェロ	1475 ～1564	25	イタリアルネサンス芸術の巨匠
トーマス・モア	1478 ～1535	22	ヘンリー8世時代のイギリス思想家
マゼラン	1480?～1521	20	スペインの冒険家 初の世界一周
マルティン・ルター	1483 ～1546	17	ドイツ宗教改革の祖
ラブレー	1483 ～1553	17	フランス劇作家 ガルガンチュア物語
ラファエロ	1483 ～1520	17	イタリアルネサンス最後の大画家
ティツィアーノ	1490?～1576	10	色彩の魔術師とよばれたイタリアの画家
雪舟	1420 ～1506	80	絵師
狩野元信	1476?～1559	24	絵師

ンベルク以前のため資料が残っていないことの影響でもありましょう.出版はまた同時代人の記録をつくって後世に伝えることにもなるのです.われわれの西洋の知識が1500年ぐらいからというのもそういった事情でしょう.

それでは時代を下って,科学が進んだと思われる1600年ではどうか.これもまた表1のような訳にはいきません.アイザック・ニュートン(1642〜1727)ですら生まれておらず,かろうじてガリレオ・ガリレイ(1564〜1642)ぐらいです.1500年前後は,西洋にとって発見の時代で,一種複合的な刺激があったのでしょうか.熱狂時代と言っても言い過ぎではありません.トマス・モアのユートピアはアメリカ大陸新世界を夢想したといわれていますし,ルターも出版なしには影響力を発揮できなかったに違いありません.版画家が多く生まれるのは,挿絵のためですが,テーマとして宗教画からの独立のきっかけにもなりました.デューラーは,自画像を描いた最初の画家とされ,クラナッハは,ルターの肖像画でも知られています.

ダビンチやミケランジェロは,自ら著作を残すなどでも後世に名を残すことになったのです.芸術の分野に限らず,科学技術の分野でも,文献を残すという西洋風マナーの萌芽がこの辺にありそうです.

音楽の世界でも,フランスの作曲家ジョスカン・デュ・プレが,作品を楽譜の形で出版した最初とされ,そのために今日でも,曲を聴くことができます.ミサ曲のような宗教的な音楽が多いのですが,500年後の現代にも通じる豊かな音楽性を感じることができます.図2は,代表作のCDジャケットです.紙

図2 ミサ曲『パンジェ・リングァ』,『ラ・ソ・ファ・レ・ミ』,タリス・スコラーズのCDジャケット(1995年)

と印刷術はこのようにして文明を後世に伝え，雪だるま式に知識の集積を高めたのです．

『華氏451度』

アメリカのSF作家レイ・ブラッドベリの小説 『華氏451度』(図3)を紹介します．この小説は50年以上も前の作品ですが，未来の焚書を扱った内容で，書物の運命を暗示させる内容に，今日性を見いだしました．まずタイトルの迫力に感じ入ります．これだけではなんだかわかりません．まず華氏とは摂氏と並ぶ，温度目盛り°Fのことです．ファレンヘイトを中国読みで当てると，華倫海となりますが，その名字に相当する部分を華氏と表記したのです．ちなみに摂氏は，セルシウス（摂修爾）の略です．華氏メモリは，氷の融点が32°F，沸点が212°Fに相当するもので，ヨーロッパの一番寒いときを0°F，一番暑い時を100°Fとしていると言われます．換算式は ℃ = (°F - 32)×5/9なので，従って華氏451は233℃に相当します．解説では，セルロース（紙）が自然発火する温度と説明されています．

個人的には小説を手に取るより映画が先でした．フランスの鬼才フランソワ・トリフォーがメガホンを取った同題名の映画を見たのはたしか，新宿のアートシアターだったと思います．かなり印象深い映画だったので，原作を求めて読みました．長い年月を経て，本もどこかへ行き，細かな内容は，主演のジュリー・クリスティ（その記憶もたぶんドクトル・ジバコのせい）を残して全部忘れていました．比較的最近文庫で復活したので，なつかしさもあって購入したのですが，読み直して，大いに納得できる点があり，作者の先見性にあらためて感心しました．内容は以下のようなものです．

図3 『華氏451度』(ハヤカワ文庫SF)

読書習慣を失った大衆は,政府が作った娯楽を壁掛けの大型テレビで見て満足しているという近未来設定.主人公は,心ある人々が隠し持っている書物を,密告によって探し出しては,焼き払う役回りです.まさに紙が燃え始める温度という意味で,やや漫画的に焚書をとりあげて,1950年代の政治的な思想統制を揶揄した内容です.時の政府は密告を奨励し,密告を受けた消防士が駆けつけて,消火の代わりに書籍を燃やすという,皮肉な描き方をしています.昔のフィレンツェのサボナローラ焚書を念頭に置いていることは明らかです.そういえば「華氏911」という映画も作られて話題になりましたか.

　書物の発禁・所持の禁止は,ヨーロッパに限ったことではなく,戦前日本の社会主義関連図書の押収などたくさんの例があります.焚書などしなくとも,大衆に最初は映画を見せ,続いてテレビジョンを与え,その結果特に強制しなくとも本を読まなくしてしまった今日の状況は,焚書以上の効果を得たことになりますまいか.人間,読むなと言われると読みたくなるし,読めと言われて読みたくないものですが,すすんで読む人間を育てるのは難しいのです.本好きの理科系にお薦めのSFの1つです.

印画紙

　紙は文章を記録するメディアとしての長い歴史に加えて,映像を記録する印画紙としての役割があります.印画紙は紙の上に感材を塗布したものです.フィルムは,PETフィルムに塩化銀を,印画紙はブロム化銀・ヨウ化銀を使いますので,印画紙に焼いたスターの写真はブロマイドというわけです.普通の紙に塗布したバライタ紙から,樹脂でコートしたRCペーパー(レジンコート紙,ポリエチレンをコートして紙への液の浸透を防ぐ)への変換が起こった頃が,銀塩写真の全盛期だったように思います.メーカーも,印画紙の種類もまた現像液も種類が多く,微妙な仕上がりに,我々ユーザーの論議が盛り上がったものです.温黒調とか冷黒調などといった選択も,各種の写真現像技法も,デジカメとフォトショップとプリンターの出現によって少なくとも「現場」では忘却の彼方へ飛んでいってしまいました.ほんの少し前まで,銀塩写真技術

は研究室の基本でした．X線回折の写真，発表用のスライドづくり，コピーも含めて研究には不可欠だからです．2005年あたりから，銀塩カメラ用のフィルムが姿を消し始め，ミニコピーフィルムも赤外フィルムもなくなってしまいました．

現在，研究室の大型デシケータのなかには，たくさんのカメラが眠っています．その一つにアサヒペンタックスSPがあります．土門拳の写真集に触発されて，新薬師寺の十二神将像を自分なりに撮ってみたいと思い，ペンタックスにトライXを装填して，京都の学会の帰り道，奈良まで足を伸ばしたのは昨日のようです．古寺の塀はあちこち壊れているし，室内は映画館の様に暗くて，とても撮影できるような状況ではありませんでした．その代わり，仏寺の迫力と仏像のもつ神秘性は十分に堪能できました．改めて，昔の写真集を手に取ると，ユージン・スミスも，木村伊兵衛も白黒の力強さで，時代を記録していることが実感できます．

保存性を考えると，いまのデジタルシステムは心許なく，大切な人の像は，銀塩カメラで，トライXをISO200（減感）で用い，できればフェニドン系の現像液で，なければコダックD76を3倍希釈してあっさり目に現像し，バライタ紙に焼いておくことを強くお薦めします．少なくとも白黒ネガにしておけば長持ちします．

それにしても，印画紙を現像液に沈めて待つこと10秒の感激を伝えられないのが残念です．ネガが想像を膨らませて，印画紙に実現させる．フランス映画「死刑台のエレベーター」のラストシーンで，暗室中の現像液からジャンヌ・モローが浮かび上がってくるあの感動です．そういえばマイルス・デイビスのトランペットが葬送曲を奏でていました．

紙の時代は終わるのか

図書館の匂いというのが，一種の知的なにおいとしてすり込まれています．新本を開くときの立ち上がるインクのにおいとも共通する独特の匂いに，なぜか未知と未来を感じたものです．本を開いての読書こそが知識獲得の源泉と思

いつつも，液晶ディスプレイ経由の読書が忍び寄っていることも事実です．私のような職業では，相当早くからパソコンを導入し，文章を書くことは，「紙に書く」より「キーボードで打つ」になりました．楽になりましたが，はたして良い文章が書けるようになったかは，はなはだ疑問です．

　21世紀に入ってあらゆる伝統技術におきかわりつつあるデジタル技術は，最近の新しい発見によるものではありません．グーテンベルク的な状況とよく似ていて，ほとんどが50年かそれ以前の発明をシステムとして展開しているに過ぎません．紙に相当するのがブラウン管であり，液晶ディスプレイです．それらの後ろにあるICチップや電子基板には無数に近い新素材が使われています．もちろん高分子も目的に応じて選択され，さらに改善して使われているわけです．我々材料研究者は，何らかのつながりでこれらのデジタル革新に手を貸してきたのです．幸い，デジタルでも夏目漱石が縦書きで読めるようです．読書を禁じる方向には技術は進んでいませんが，デジタル技術は，読書より面白い使い方を提供しているようで，30才から若い方々の本離れは相当なものでしょう．現在の検索機能は巨大な辞書ですが，真の概念は断片的な辞書では身につかないのでは…．

　あくまで個人的なことですが，ワープロを使いはじめてすっかり漢字を忘れました．先日，印鑑を作るため自分の名前を書こうとして書けないことに唖然としました．いつもは略字をつかっているせいです．携帯電話を持ってから電話番号が覚えられなくなり，電池が切れたらうちにもかけられない．カーナビで地図が読めなくなることももうすぐです．などなど「嘆くより馴れろ」を唱えながら，「セルロースは永遠なれ」と密かに思うこの頃です．

4章　永遠のセルロース－故きを温ねて新しきを知る－

▶▶▶▶ ▶▶▶▶ ▶▶▶▶ ▶▶▶▶ ▶▶▶▶

スイスの東北に，ドイツ，オーストリアと国境をなすボーデン湖があります．この周辺はゲルマン文化の一つの中心として古くから発展した地域です．その代表的都市が，ザンクト・ガレンです．ボーデン湖を見下ろす丘の上にあり，少し登った周辺は牧場がたくさんあって，「アルプスの少女ハイジ」の世界．719年のベネディクト派修道院がひらかれてから，ヨーロッパの知識の中心として役割を担ってきたようです．内陣はロココ様式のすばらしい装飾が施されています．靴ごと入る大きなスリッパで，しずしずと歩きながら見学させてもらえます．スイスは山ばかり見ないで，こういった文化財を見て回るのも楽しいものです．

ザンクト・ガレン修道院図書館

彩色写本
どのくらい古いものか説明を読み切れなかったのですが，ザンクト・ガレンに展示されている彩色写本は，やはり精緻ですばらしいものです．見分けは出来ませんでしたが，羊皮紙だろうと思います．カロリング朝フランク王国以来の彩色写本2000冊，グーテンベルク印刷本1000数百冊を保有していることがこの図書館の価値を高めているのです．

5 熱と伝熱 －羹に懲りて膾を吹く－

「熱とは何ですか」

　少々古風ですが、「羹に懲りて膾を吹く」ということわざがあります．一度の失敗で、それ以降、無益な用心をするという揶揄をこめた意味です．表面上は、羹（あつもの：熱い吸物のこと）を戴いてやけどをしたので、それに懲りて冷たい料理である膾（なます）を吹いて食べたということですが、熱学の立場からは、温度差のあるものが接触することによって熱伝導が生じ、風を当てれば強制対流で早く冷ますことができるということになります．このように、熱に関することわざがたくさんあるほど、私たちと熱とは、切っても切れない長いつきあいです．衣食住のすべてが熱との共存ですし、生きるために熱の力を必要としているのです．熱はまた移ろいやすいもので、使いこなすためにいろいろな知恵を蓄えてきました．これらの知恵が現代の科学に繋がっていることを忘れるわけにはいきません．生きていくための最低条件が、体温のコントロールであり、食料生産とエネルギー貯蔵、そして調理であるわけです．

　筆者は、高分子材料を中心に熱物性の研究とそれらの物性測定装置開発に従事してきました．高分子の世界では品質管理を目的とした熱分析や熱物性測定が盛んです．あまりに種類が多いことと、高分子どうしあるいはフィラー（添加剤）を入れるなど、いろいろなものをブレンドして使うのが当たり前となっている材料ですから、とてもデータベースでは対応できないのです．その都度、熱物性を測定しなければ、成形条件や使用条件が明確にできないからです．その点がデータベースのしっかりした金属材料と大きく違いそうです．材料評価で比較的手薄であった熱拡散率計測装置を自力開発して20余年、いまだ、極めたという段階に至りませんが、技術というのは、個々の経験の蓄積から、データベース化と規則性の発見、さらに能率のよい生産方式の開発へとい

図1 ガリレオの温度計．世界最初の温度計はガリレオの発明とされます．ロンドンの科学博物館には熱学の歴史が順に展示されて，温度計も発明順に見ることが出来ます．訪問当時に駆け足で見学したことが悔やまれます．

うステップを踏む必要があることを思えば，大学の基礎的な解析法の提案から，実際の測定装置開発への展開も，重要なテーマの一つであると思っております．

我々が測定装置販売を目指して起業したベンチャーへの出資を決める審査会でのこと．熱分析と熱伝導についてひととおりの説明を終えて質疑があり，その最後に座長から「ところで先生，熱とはずばり何でしょうか．」

こういった基本中の基本の質問に出会って，答えに窮するのは誰しも経験するところです．深読みすれば，本当に理解しているのですかと言われている気がするからでしょう．英語なら「グッド・クエッション」と切り返すところか．

熱と熱力学と熱エネルギー

　教科書風にいえば，熱の本質は，分子，原子，電子などの粒子系が振動する運動エネルギーとなります．ただし，実際的には，集合体としての熱エネルギーが材料としての特性を決定づけるのです．電子や分子をいくら精密に解析しても，材料の熱的性質，たとえば融点を予測することはできません．

　熱の直感的イメージを説明する模式図として二つ紹介します．まず二つの原子が結合して分子を構成していたとします．引力と斥力がちょうど釣り合って，ポテンシャルが極小になる安定な位置関係をとります(図2)．粒子は熱エネルギーを獲得して，この線に沿って駆け上がっては戻る動作(振動)をしていると考えるのです．温度が高いということは，振動の幅が大きいということになります．いよいよ高温になって右の方に振り切ると分子切断が起こると説明できます．この曲線が左右対称ではないので，熱を得て温度が上昇すると，重心位置が右に振れることになります．これが熱膨張の原因です．つまり原子間距離 r_0 とは絶対零度の結合距離ということになります．

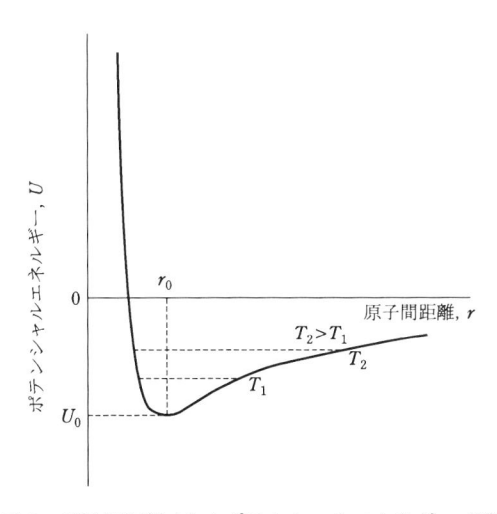

図2　原子間距離 (r) とポテンシャルエネルギー (U)

もう一つが，図3に示すビーズ・バネモデルです．隣どうしの分子がバネで結ばれ，バネの振動が熱エネルギーに相当します．一般に格子振動とかフォノンという概念になります．また，この振動は，物質内を伝搬していくので，あたかも熱粒子が動き回るように見えます．フォノンなどは実体のない擬粒子と呼ばれる概念です．こういった粒子系の概念は奥が深くて理解もたいへんですが，実学では「高分子はフォノン伝導です」などと気楽に使っています．何事も納得できるなら，どのレベルの理解でも実際上は問題ないのではないでしょうか．残念ながらこの二つの概念図を眺めていても，新素材の熱物性を設計することはできないようです．

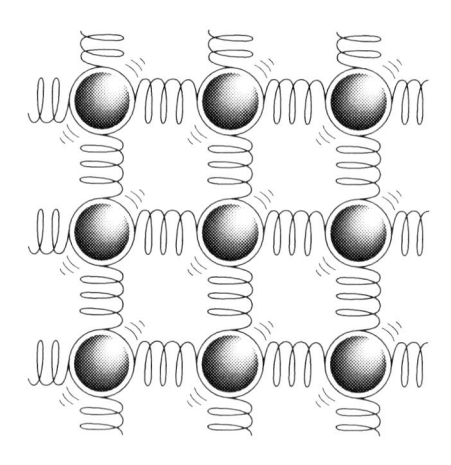

図3 ビーズ・バネモデル

歴史的にみると，熱とは，熱素（カロリック）なる物質が出たり入ったりして高温や低温が作られると考えられていました．つまり粒子として考えられていました．その時代はその時代で大規模な理論体系もあり，専門家もいたわけですが，今日ではカロリックの概念そのものを知らない研究者が普通になりました．カロリックは直感的でわかりやすいのですが，ひとたび打ち負かされた学問体系は，全く顧みられなくなる典型例と言えそうです．わずかに，カロリー計算とか，何キロカロリーとかいうあたりに名残りがあるくらいです．カロリックを否定して，熱をエネルギーの一種として成立した体系が現代の熱力学です．

熱力学

　熱力学はまた，たくさんの研究者が試行錯誤した結果成立したものですから，途中経過を知らずに成果だけを学ぶのは，忙しい現代に適しているかも知れませんが，本質的な理解を妨げることに繋がらないか多少心配です．人間の英知は，連続した流れの中で進歩するもので，ある一部だけを切り取っても，将来の発展にどうかかわるのか不明瞭になりがちです．

　熱力学では，物体（系という）はエネルギーの集合体と考えます．いろいろなエネルギーから，熱エネルギーqだけ分離して，仕事と呼ぶそのほかのエネルギーw（力学，化学，電気，磁気，核など）と区別して扱われます．熱エネルギーは，どこかへ拡散してしまい元に戻らない性質があるから別だというわけです．物体のもつ全エネルギーは，$U=q+w$と教科書では表記します．Uは特に系の内部エネルギーとよばれ，系の全エネルギーを意味しますが，この絶対値がいくらかはわからないけれど，変化分はわかります．だから熱力学は微

図4　ジュールが実験で用いたカロリーメトリ装置．ロンドン科学博物館に展示されている．

分形での表現が多くなるのですが,偏微分表現が多用されるため初学者はここで理解が混乱し始めます.

さらに入門の教科書では,仕事は膨張・収縮といった力学仕事だけに限定して扱います.他のエネルギーはとりあえず表面に出てこない.たとえば系内に電荷が存在しても,電場が無い限り電気エネルギーとして現れないですし,磁場がないと磁気エネルギーは系の内部から出入りすることはないのです.場が存在しないので,現在のエネルギー収支に関与できない状態を縮退しているといい,潜在力として内部エネルギーにカウントされています.電池反応や電気エネルギーを扱うなど応用熱力学を学ぶ場合は,専門の教科書を参考にされることをお薦めします.熱力学に限らず,教科書はそれぞれ著者のくせがあるため,一番頭に入りそうなものを直感的に選ぶことも大切です.

熱力学ではいろいろな概念が出てきます.比熱容量はまだしも,エントロピー,エンタルピーがあり,自由エネルギーが加わりますし,各種の法則も学びます.しかも,それらは,ほとんどが偏微分の形式で登場するので,とっつきにくくて学ぶ側も教える側も大変です.大学で入門の熱力学を担当して,自分自身の理解の程度も含めて,教え方には冷や汗をかいたものです.

「自由電子は,電子が自由に動き回っている状態のことだから,自由エネルギーもエネルギーが自由に動き回っていることですか」.ほとんどが概念なので,一旦理解できなくなった学生でも,ほんの少しのきっかけで理解できるようになるのですが,物事は,具体化しないと理解しにくいものです.個々の経験を一般化してさらに普及させるための帰納作業は,概念化することですから,どうしても通らなければならない関門です.学習法をたずねられたら,どう回答するか.「自分が理解できる言葉で書かれた教科書を探しなさい.そのために図書館があります」と.「ただし,熱力学が理解できなくとも,現実に断熱材は作れるし,エンジンも設計できます」.「じゃあ,なぜ熱力学を教えるのですか」と問われるのが,いまでも一番答えに窮する質問です.しかし,心優しい学生達は誰もそんな質問をしたことはありません.教育の定常性というのか,川の水が流れ続けるように,継続的に教える体系があってこそ,現代の科学・技術が花開いたのだと,一人合点するほかありません.万国共通の概念

が科学であり，これらをグリップしないと流れに乗れなくなるのです．

物質は熱が逃げるのを嫌う

　実験装置を作ってみると，物質は熱を簡単に受け取るくせに，放出するときは，出し惜しみしているように感じることがあります．過冷却現象などが最たるものです．実際に温度を変えて測定をする場合，熱の出入りをさせるわけですが，昇温時と降温時では若干違います．温度を上げるのは比較的簡単です．ジュール発熱で温度制御したホットプレートにサンプルを乗せ接触伝熱するのが一般的です．加熱の方式も，ジュール発熱のほか，マイクロ波加熱，燃焼熱，光吸収と結構選択の余地があります．

　一方，冷却はたいへんです．普通はファンとか水冷とかですが，電気素子ではペルチェ素子ぐらい．それでもせいぜい50度ぐらいの変化幅です．本格的な冷凍器は大げさなものになります．代表的な熱分析機器の示差走査熱量計では，昇温速度は毎分500℃という高速制御可能ですが，冷却は氷水につける自然冷却方法が主です．実験開始前にバケツ一杯の氷を調達するのが日課となります．

　もう少し熱と高分子物質の関係を見てみましょう．たとえば立方体のプラスチックを考えます．この一つの面に熱が瞬間的に入ってきたとします．物質は獲得した熱を直ちに各分子に分配を開始します．断熱状態ならば，この再配分は徹底していて，末端に届くまで行われます．ただし，内部の構造が乱れている高分子は回り道が多くてどうしても遅くなります．この速度が熱拡散率，最終的に到達する状態が平衡状態といいます．物質内部の分子は全く平等に分け前にあずかるわけです．

　加える熱がさらに大きなものになると，もう個々の格子振動だけでは分配して保持できなくなり，物質は，危険と判断すると，大きな分子全体が動いて，大量の熱を受け止めます．この代表が融解などの相転移です．物質が分解を避ける知恵でしょうか．分解でも，人工衛星が大気圏に突入するとき，外部の樹脂が燃えることで犠牲になり，内部を守ります．航空機のタイヤもまた強烈な

摩擦熱を，表面が燃えて気化することで内部を守っているようです．

このように高分子は，自己犠牲をいとわない平等思想の持ち主と言えるものなのです．高分子材料であるセルロース，油脂，樹脂，タンパクはいずれも太陽の熱を固定したものと言えます．苦労してため込んだ熱エネルギーをおいそれとは出さないという生存本能と，熱に分解されたり，焼き尽くされないという防衛本能があるように感じられます．我々が，光合成をなかなか模倣できないのも，天然ゴムをしのぐ合成ゴムが作れていないのも，自然の奥深さゆえと思います．

接着剤とは

工業に目を向けてみます．いま伝熱が注目されている分野の一つに接着剤があります．もともと接着面に塗布して使う物ですが，両面テープ型に加工して，現場で離形紙をはがして実際の接着を行うことも主流になっています．そのほかにラベルもありますし，貼ってはがせる接着剤という変形もあり，いろいろな樹脂で設計されています．身の廻りにもあちらこちらで両面テープで貼り合せたものを見うけるようになりました．

接着というのは二つの物体間をつないで力学エネルギーの伝搬を担うものですが，実は熱エネルギーの伝達をスムースにする役割にも注目が集まるようになりました．特に電子機器では，遺憾なことに熱は悪者です．コンピュータのCPUとかパワートランジスタは，働き過ぎで熱を出します．これが行き場を失って自分自身の温度を上げ，挙げ句の果て自損してしまいます．能力の限界は放熱特性によって決まることになります．一番熱抵抗が発生しやすのは，素子とヒートシンクの間のわずかな隙間です．そこで接着剤やグリースの登場ですが，古くから放熱グリースは使用されています．ただ，高密度化と高性能化が著しい電子機器では，伝熱性能が装置全体の機能を規定するようになり，より高性能で使いやすい素材が求められているのです．

トランジスタ，LEDランプ，IC封止材料，パネルディスプレイの周辺材料などで，熱伝導性が高くて電気的に絶縁の材料開発にしのぎを削っている状態

です．当然高分子系材料の出番ですが，いかんせん熱の絶縁体でもあります．混入する頼もしいフィラーとして，ダイヤモンド，窒化ホウ素，シリカ，アルミナなど熱伝導の高いセラミックス系の粒子が主体ですが，高分子構造そのもので熱伝導をあげる研究もすすんでいます．

日本の材料メーカーは，この分野では世界をリードしています．液晶パネルを例に取りますと，液晶を挟んだガラス板の前後にいろいろなものが文字どおり貼り付けられます．後ろにはLEDバックライト素子さらにその後ろにはマイクロ発泡させたポリマーフィルムの反射板があります．前面には透明なトリアセテートフィルム，偏向板としてヨウ素ドープした配向ポリビニルアルコールフィルムですが，それらを貼り合わせるためのシリコン系，アクリル系を中心とした接着剤です．高分子材料といえども薄く均一に作るのは，かなりのハイテクです．多くの場合は，無塵室での作業となります．

話はそれますが，接着剤の歴史は古く，膠（にかわ），ゴム，カルナウバワックス，漆（うるし），アスファルト，松ヤニなどが天然にあります．合成接着剤が出てきても，未だ重要な役割を果たしているのが，自然界の奥の深さと合成品の未完成なところです．これらもまた熱が重要な働きをします．

膠の実体は，タンパク質コラーゲンで，魚や牛の皮から採取するのが一般的です．少し温度をかけると溶け，冷やすとすぐに固まりしかも強固．温度で固まったり溶けたりするので修理も簡単．家具，弦楽器，墨，製本などでは現役．筆者が小学生のころ，隣家の木工場で，木型を接着させるための膠が湯煎されていたことを，独特の香りと共に懐かしく思い出します．

アスファルトは，石や木材のつなぎ材料に使われています．これも温度で簡単に溶ける炭化水素の仲間で，高分子とまではいかないがかなり分子量が大きなものです．

旧約聖書には，バベルの塔の煉瓦の接着にアスファルトが使われていると記されています．少しあたためると溶けて液体になることを利用したのです．ただ，有名なピーター・ブリューゲルの絵を見てもそんな印象はうけません（図5）．ブリューゲルの「バベルの塔」は，2種あって，ひとつはベルギー・ロッテルダム美術館のもの，これは20年ぐらい前に来日したおりお目にかかりま

した.少し赤身を帯びた塔が圧倒的な迫力でした.名画であると同時に,技術への過信を戒めている意味を感じとったためか,どうしてももう一つのより有名な方を見たくて,ウィーンの美術史美術館を訪れたとき,迷わずブリューゲルの部屋へ直行.傑作群を1時間ほど見ていましたが,驚いたことにいろいろな実験アイデアが浮かんだものです.絵の持つ輻射力は侮れません.

図5 ブリューゲルの「バベルの塔」
(ウィーン美術史美術館)

衣服と熱

　われわれは意外なほど熱伝導を体感で知っています.生活とは熱とのつきあい方が原則なので,知らないうちに熱伝導や比熱を理解しているのです.否,こういった生活での経験が学問を生んだのです.体温のこと,それを守る衣服,住居のことなどを通じて膨大なノウハウを獲得してきたのです.

　誰でも生きていくためには,熱エネルギーが重要であることは知っています.最も重要なのが体温調整ですが,これは夏も冬も大変です.人間が裸で暮らせるのは摂氏25度とも28度ともいわれますが,きわめて狭い範囲のようです.衣服は大体が有機系繊維材料なのですが,季節に合わせて様々に工夫して来ました.素材自体の熱伝導率は,素材の種類によってほとんどかわりませんから,体表面との関係で織り方や編み方,布地の厚さでコントロールしているのです.とくに衣服に含まれる空気の量のコントロールです.これを衣服内気候と称して,汗の発散と併せて研究を進めているメーカーもあります.特に最近の化学繊維は,繊維自体の構造を様々に工夫しているようです.ますます快適な衣服が提供されるようになってきました.

　防寒用には空気の多いバルキーセーターを着ると断熱効果があがります.

もっと寒ければ2枚3枚と重ねることで,断熱効果があがります.熱抵抗があがるためです.ただし,空気が多いと,強制対流すなわち風に弱くなります.熱は人間の体表面から空気へ熱伝導で伝わり,主に自然対流によって上部へ運ばれます.放熱の50％程度は対流で逃げるという説もあるくらいです.ハワイのムームーなど裾広がりで首もとがあいている服は,一種の煙突効果で,この対流を促すそうです.そういえばアラビア服なども同じで,対流をうまく使った服です(図6).アラビアは夜間はぐっと冷えるそうで,そのときは襟元を締めると上昇気流が止まり今度は保温作用が出てきます.我々も暑くなると,ネクタイをゆるめ,ワイシャツの第1ボタンを外すではありませんか.

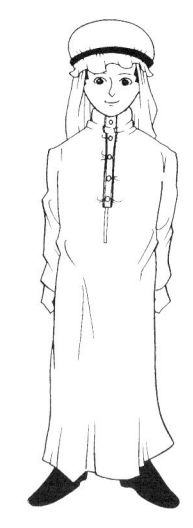

図6　アラビアの服

　衣服で断熱効果を高めるのは綿入れです.北国の冬着は基本的に分厚い木綿の綿入れで,毛皮は貴重でしたし,もっと暖かな真綿(絹の綿です.念のため)も高価でしたから庶民は着ることができませんでした.羽毛やポリエステル綿などが出回っている現在ではあまり関心を持たなくなりましたが,繊維材料は我々の重要な材料であることには変わりありません.

　繊維製品は,長い間戦略物質でした.羊毛を例にしますと,スペインが16世紀なかばフェリペ2世の御世に,無敵艦隊を擁して世界制覇を唱えたのは,バックに羊毛工業がありました.これから揚がる莫大な資金があったのです.それは新大陸の開発とそれに伴って急増した労働者むけの防寒服が,大需要を巻き起こしたためです.スペインの大地は今でも荒れ地のようなところが多いですが,羊を飼育するための牧場を切り拓いた乱開発のためといわれています.この羊毛工業は,スペインの支配下にあったネーデルランドでも発展し,今でもベルギー絨毯など名産です.イギリスは,エリザベス1世の時代に,無敵艦隊を破り,それ以降イギリスの繊維産業が世界に覇をとなえたのです.これに乗じて,オランダの毛織り業者を中心にスペインに独立戦争を仕掛けたのです.

イギリスもまた森を切り開いて羊の飼育に力を入れました.切った木は武器や船に必要な製鉄用に廻されたと思います.イギリスの丘もまた,丸坊主になったのですが,スペインと違って乾燥帯ではないので,適度な降水のおかげで,跡地はゴルフ場やイギリス式庭園になったのは,想像に難くありません.現在,旧イギリスの植民地であった,南アフリカ,オーストラリア,ニュージーランドが羊毛の大産地であるのは,偶然ではないのです.綿花もまた同様で,イギリスの長い支配下にありました.綿花の産地が,エジプト,パキスタン,南部アメリカ,インドであるということは,象徴的です.織物は繊維材料さえあればいい物ができるわけではなく,精密な繊維機械類,処理技術,染色技術などの総合であり,連綿という言葉があるように,一種の定常流として,イギリス系の国々に流れ続けています.

調理と熱

筆者が,1980年代の半ば,初めて中国杭州を訪れたときのこと,学会のバンケットで名物料理「泥棒鳥」という料理が出てきました,鶏を一羽まるごと蓮の葉っぱで包んで泥を塗った状態で焼く料理です.泥棒が盗んだ鳥を見つかりそうになったので,地中に埋めて隠しておいたところ,その上で火がたかれて,焼き鳥があまりに美味だったことに由来するとの説明でした.何事にも故事がつく中国的な話です.実際とても美味しく,参加者はみな感激したのです.が,これと類似の調理法は,フランス料理,トルコ料理,そして日本料理でも塩竈などがあり,世界にたくさん存在します.伝熱による調理ではなく,水蒸気の対流と凝固熱を使ったものです.今風の無水調理や蒸し物に通じるものがあります.水―水蒸気の転移潜熱は非常に大きいのです.原発の核燃料の熱の取り出し(冷却)も水以外に考えられないのです.

意外にもてんぷらも同系統の調理法です.いわゆる衣は,水ときの小麦粉,粉はできるだけタンパクのグルテンを除いた薄力粉を使います.こんなに大量な水を直接油に入れたらたいへんなことになります.180℃の油に入れて表面を硬化させ,当然発生する水蒸気で中のたねを蒸すのです.水蒸気は,窒素ガ

スN_2, 酸素O_2, それらの混合物である空気より軽い気体です. 気体と固体の表面での熱交換は, 衝突によるので軽い気体の方がマイルドな伝熱になるような気がしますが, 専門家の説明を受けたいものです. ちなみに知り合いの

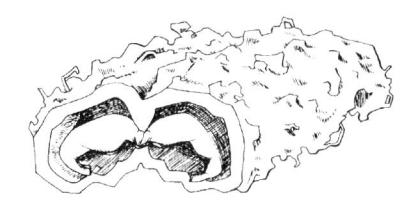

図7 あなごの天ぷらの断面図

天ぷら職人は, あなごをあげるとき, 皮目の方を縁でしごいて, 衣を薄くして, 熱伝導のバランスをとるのだと言っておりました (図7).

トリ料理一つをとっても, ぬるい油からあげていくコンフィと呼ばれる調理法, 焼き鳥のように下から炭火の輻射と対流で焼くもの, サラマンダーやグリルのように上部から輻射熱だけで焼くもの, 唐揚げ, 蒸し物, 水でゆでたものなどなど, 味や食感が違ってくるのは, やはり伝熱方法の差しか考えられず, 材料から出る水分の蒸発熱を制御パラメータとして工夫しているのでしょう. 食味は鍋でも違うのですから, 調理は奥が深いとしか言いようがありません. これもまた伝統料理という名で, 連綿と受け継がれていくのでしょう. ちなみに, 水の蒸発を温度制御に用いる方法は食品工業的にも重要で, 食パン工場などでは, オーブンに敷く油に水分を適量混入させて焦げすぎるのを防いでいるようです. 水と油は, 混じり合わない代名詞ですが, 少しなら妥協の余地があるのです.

調理は, 伝導, 輻射, 対流をうまく使いこなしていることがわかります. 特に対流は, 蒸し料理などでも重要ですが, 実態がつかみにくいものです. 図8は, 暖かいだし汁を, 瓶に入れて放置してさましたときのものです. 少しわかりにくいですが, 瓶の中心に細い柱が立っています. ここを上昇流があったことを示しています. 対流ですから下降流があるわけですが, おそらくガラス瓶の側壁です. 冷やされるときも対流は重要な役割を果たします.

図8 瓶の中の対流

住居と熱

　日本の家屋は長い間, 京都の文明をよしとしたために, 夏向きの設計である京都風が標準になってきました. 北国の家もまた同様です. 夏はいいが冬は堪りません. 厚い茅葺きの屋根にして断熱し, いろりの火で暖を取ったのですが, 外気との流通を閉ざしたので, 排気ガスを吸ってしまいます. いかに不健康であったかは, ご想像ください. 朝鮮半島や中国北部のオンドルを使えばよかったのに(図9). 韓国の伝統的な料理屋へ行くと, 板の間に直接座って食べるのは日本と同じですが, 昔から床暖房になっているといいます. 薪をもやした煙を床下に通したのです.

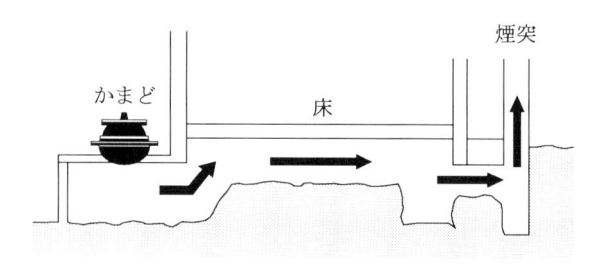

図9　オンドルの構造

　もちろん日本の近代住宅は, 断熱を強く意識したエコ住宅住居になりつつありますが, 住宅用にはグラスウールの板など多孔質断熱材が使われます. 発泡高分子は安価で断熱性能は高いのですが, 可燃性が高いことが制約になります. 今様の高層ビルでは, 内壁と外壁の間に, その場発泡といい, 原料であるポリオールとポリイソシアネートと発泡ガスとしてフロンを混合して打ち込む方法が使われました. この混合で発泡ポリウレタンが充填されます(図10). 隙

$$\sim\text{OH} + \sim\text{NCO} \rightarrow \sim\overset{\overset{\displaystyle\text{HO}}{|||}}{\text{NCO}}\sim$$
アルコール基　イソシアネート基

図10　ウレタン結合の生成（鎖延長反応）

間だけでも,空気の断熱性を利用できますが,対流を防ぐ目的で詰め物をするわけです.この際できるだけ泡は細かく(充填気体の平均自由行程[注]より小さく),かつ独立していることが望まれます.中の気体も重要で,フロンは燃えないうえに,ポリマーから逃げていきにくいという性質も持っています.最適最高の物質でした.ところが,風向きが変わって,フロンは,オゾン層を破壊する物質なので,まかり成らんという議論がモントリオール議定書あたりから起こりました.ついに1997年に日本で開催されたCOP3で,フロンの全廃が決議されるまでになりました.2012年に京都議定書が発効し,遵守する必要が出てきましたが,さてどうするか.

気体の熱伝導は,軽い物ほどつまり分子量の小さいものほど熱をよく伝えます.表1に各種気体の熱伝導率を示します.断熱材料を考えるとフロンが圧倒的に断熱性に優れていることがわかります.表を見て下さい.二酸化炭素が結構いいではありませんか.燃えない,重い,という性質も問題ありません.ところが,ウレタン発泡したのちに,あっという間に抜けてしまい空気と入れ替わるのです.空気でもそこそこ断熱性はいいのですが,フロンの高性能を知っているだけに,もう少し省エネルギーに寄与したいというのが技術者の願いですが,発泡材料の工夫,気体種のスクリーニング,システム設計などが新断熱システムとして開発されつつあります.

表1 各種気体の熱伝導率(温度:300 K,圧力:常圧)

気　　体	熱伝導率(10^{-2} W・m^{-1}・K^{-1})
水素（H_2）	18.12
ヘリウム（He）	15.60
窒素（N_2）	2.606
空気	2.623
アルゴン（Ar）	1.771
二酸化炭素（CO_2）	1.68
フロン（CCl_2F_2）	1.01

新編 熱物性ハンドブックより(日本熱物性学会編,養賢堂,2008)

注)平均自由行程:気体分子が他の気体分子に一度衝突してから次に衝突するまでの飛行距離を自由行程といい,自由行程の平均値を平均自由行程という.

住居の断熱は，壁材料ばかりでなく，インテリアでも充分に対応できます．ヨーロッパの城を訪ねると，必ずといっていいほど，タピストリーが飾られています(図11)．歴史的な事件を織り込んだ大きな物で美術品としても一級ですが，もともと断熱材用途です．ヨーロッパの城は石造りですから，冬場の石壁の冷えは耐え難いほどでしょう．現代では，カーテンが同じ役割です．伝熱とともに輻射を防いでいることは，夜明けと同時にカーテンを開いたときの寒さで体感できるのではないでしょうか．住居に限らず断熱材料は，省エネルギーの本命技術です．

図11　ポーランドの古都クラコフのバベル城に飾られているタピストリー

鴨長明『方丈記』

　「行く河のながれは絶えずして，しかも，もとの水にあらず．よどみに浮かぶうたかたは，かつ消えかつむすびて，ひさしくどどまりたるためしなし．世の中にある人とすみかと，またかくのごとし．」は，鎌倉時代初期の知識人鴨長明作，『方丈記』の有名な冒頭の一節です．長明は，上賀茂神社の神官の家にうまれ，最後は仏門に帰依した人物で，琵琶を奏で，和歌に通じ，漢籍に明るいという，当時の知識人の代表でしょう．

『方丈記』には，日本的なあるいは東洋的な諦観が，脈々と流れていて，自然と共生する思想がありますが，平家物語などにも共通する考え方で，遠く李白や杜甫といった唐詩選に通じる思想が感じられます．西洋流の自然と人間の対立といった対立概念がないのですから，我々の自然観は西洋流と違った感覚があるはずで，環境との調和という今日的な風潮は，東洋的な思潮の再登場の絶好の機会ではないでしょうか．

図12 『方丈記』表紙カバー(岩波文庫)

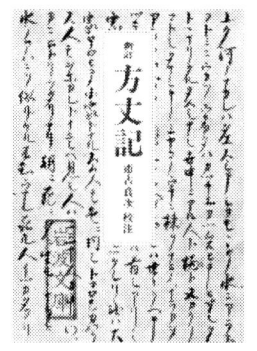

文中で，インドの古代元素である地・水・火・風にふれるなど，当時は意外にもインド思想が入り込んでいる様子がうかがえます．おそらく仏教を通じてのことと思われます．インドなどの留学生と都内を散策すると，あちこちの道ばたにある小さな石像が，ほとんどすべてヒンズーの神様と共通であると言います．

日本の古典は，中国やインドの思想がベースになっていることが多いようですが，完全に消化され，我々の血肉となっていると言うべきでしょう．思想も技術も現地化してこそ価値の上るものです．

先の近松といい，あるいは平家物語といい，無駄をそぎ落とし，言葉に力をためる日本文学の伝統が，科学者の心にも入っているのです．短歌や俳句といった伝統的文化を，今一度，読み直す時期になったのではないでしょうか．

そう思うと，鴨長明が時空を超えて，われわれに檄を飛ばしているように感じます．

「いま，一身を分かちて，二つの用をなす．手の奴，足の乗り物．よくわが心にかなへり．身心の苦しみを知れれば，苦しむときは，休めつ．まめなれば，使ふ．使ふとても，度度過ぐさず．物憂しとても，心を動かすことなし．いかに，いはんや，常に歩りき，常に働くは，養生なるべし．何ぞいたづらに，休みをらん．人を悩ます，罪業なり．いかが他の力をかるべき．」(十二段 閑居の気味 から．一部漢字に置き換えました)

⑥ 研究－装置化－起業－標準化
－窮すれば通ず－

エネルギーと熱

　現代の工業社会は，エネルギー消費型です．消費されたエネルギーは，最終的には熱エネルギーの形となって，大気中へ放出され，温暖化現象とかヒートアイランド現象として，マスコミを賑わすのは一種のファッションですが，照明が白熱灯からLEDへ，自動車も内燃機関からモーターへと，省エネルギーの技術も着実に進歩しています．それに呼応して高分子材料開発にとっても重大な転機となっています．いままで金属やセラミックスしか使えなかった部分にも，動作温度が下がることによって高分子材料にも進出の余地が出てきたためです．高分子材料は熱絶縁物であると一括りにされていたのですが，このところ何とか伝熱性をあげようという動きが活発です．材料の複合化によって差別化がはかられ，いろいろな熱のデータが必要になってきました．

　特に，エネルギー問題からは，熱を通すこと，反対に断熱することが重要な課題ですが，熱伝導に関するデータも測定技術も手薄なのです．加えて金属の熱伝導データも手薄であるという意外なことも起こっています．電子基板配線材である銅箔が，製法によってかなり違うようです．銅配線は電気を流す役割に加えて，廃熱を逃がす役も与えられると，実測された熱伝導率が重要になるのは当然です．はたして，文献値を使っていて良いのでしょうか．

　物性というのは分野を問わず重要です．製造業で必要とするデータベースもそれを支える方法論も共通であるべきでしょう．筆者が属する東京工業大学第二類には，金属，有機材料，無機材料と材料系の3つの学科を有しております．それぞれ氏育ちが違うわけで，材料別に分類されて，それぞれに専門家がいるわけですが，現実社会では，そんな区別もあまり意味がありません．単純な例では，鉄には塗料が塗られますし，有機物の合成には金属触媒が不可欠など，

要するに相互補完の関係が本来的な材料学とのポリシーが第二類を構成した段階であったのです.有機材料の学生であった筆者も共通科目の材料科学で,マルテンサイト,転位,加工硬化などを習ったわけです.少なくとも文化の香りをかぐわけで,苦手意識を持つことは無くなるわけです.物理化学の入門は「アトキンスの物理化学」で統一されているように,極力融和をはかって,特化された専門家意識を持たないような教育を目指しているのです.

熱伝導測定法

さて,何らかの原因で発生した熱は,温度の低い周囲へ拡散していくことになります.熱エネルギーは,分子・原子・電子等の振動エネルギーですから,物質によって構成元素が違う以上「熱の質」もまた異なったものになります.同じ物質が連続していると伝搬もすなおなのですが,異種物質が接すると一筋縄ではいかなくなります.界面のエネルギー伝達は熱の場合も同様で,未解決なこともたくさんあります.

高分子熱伝導率測定は,難しい測定に属していました.熱はとらえどころがないこと,センサーやヒーターが熱伝導のよい金属なので,熱を持って行かれてしまう,電気伝導では〜10^{20}のオーダーであるのに,断熱材と良導体の熱伝導比が10^5〜10^6程度であることなど,測定の曖昧さが主たる原因でしょうが,実際に決定的な方法論がなく,状況に応じたたくさんの測定法が提案されています.研究者の立場から興味深いものは枚挙に暇がありません.しかしながら,ここでは思い切りよく,実際の開発現場で用いられている市販装置があるものに限定します.

一番古典的かつ理論に忠実なのが定常法と呼ばれる方法です.熱の流れはフーリエの法則にしたがい,温度勾配に比例しますので,試料中の2箇所の温度と流れる熱量を測ればよいわけです.従って,熱を発生させるヒーター(高温側),温度センサー,試料,温度センサー,ヒートシンク(低温側),の順に並べるのが標準です.定常絶対法は,与える熱量と温度勾配を厳密に測定する方法ですが,厳密さゆえに測定は簡単ではありません.基本的には図1のよう

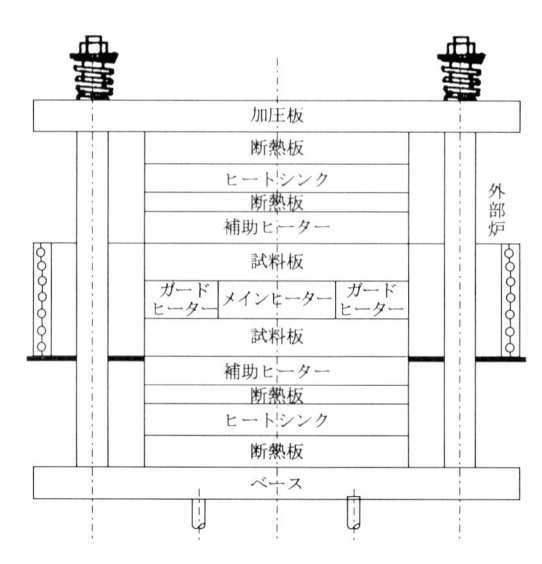

図1　平板定常法・保護熱板法（絶対法）熱伝導率計

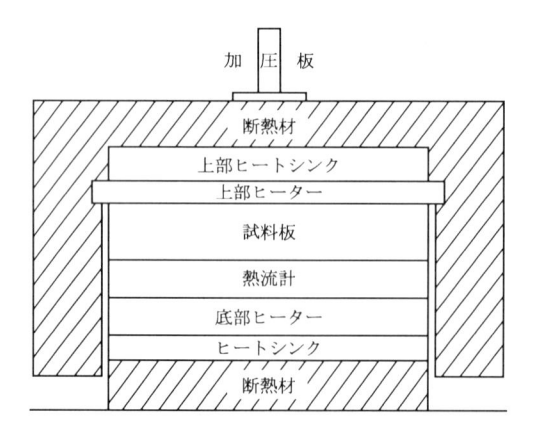

図2　平板定常法・（比較法）熱流計法熱伝導率計

に配置されます．試料を平板形状に整えるのが最低限必要です．周囲は，横へ熱が逃げないようにガードヒーターを設置します．その上で，環境の影響を受けずに一次元の熱流を仮定できる中心部の温度を測るわけです．定常法の比較法の場合は，熱流計と標準板をもちいてあらかじめ較正する必要があります

(図2).熱流計は通常,熱電対を100本程度直列につないで感度を上げたサーモパイル型温度計ですが,あらかじめ熱伝導率がわかっている標準板で較正すれば,熱流が計算され,測定試料も同一の熱流であるとして熱伝導率を求めることができるのです.図1と図2のいずれの方法も,熱流が一定になる時すなわち定常になった段階の温度を採用します.

定常法は建材などの厚みのある大きな試料へ適用されてきました.現代の研究の中心でもある機能性高分子は,ほとんどがフィラー充填やブレンド系であり,混合比なども考慮すると膨大な試料数となり,しかも薄膜であったり,ごく少量の試料しか得られないことが多いのです.この場合は,少量で迅速な測定が可能な非定常法の出番となります.

非定常法は,時間変化する温度刺激を与えた時の応答から主に熱拡散率を求めるものです.ステップ状の加熱やパルス加熱を与えて過渡的な応答から判断する方法があります.交流的な繰り返しが定常になった時の温度波の減衰を解析する方法も非定常法に分類されることもありますが,印加初期を除いて定常とみなせる状態で計算しています.一番単純なものは,熱線法と括られる一群で,ヒーターとセンサーが同位置にあるか兼ねるタイプです.具体的に言うと,測定試料の中心にはった細いニクロム線ヒーターにステップ状に通電して,ヒーターの温度上昇を見る方法です(図3).接している試料の熱伝導性が

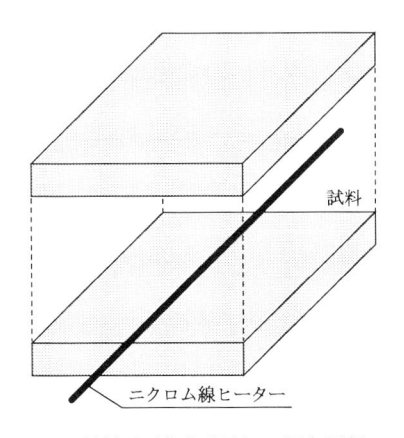

図3 熱線法(非定常法)の測定原理

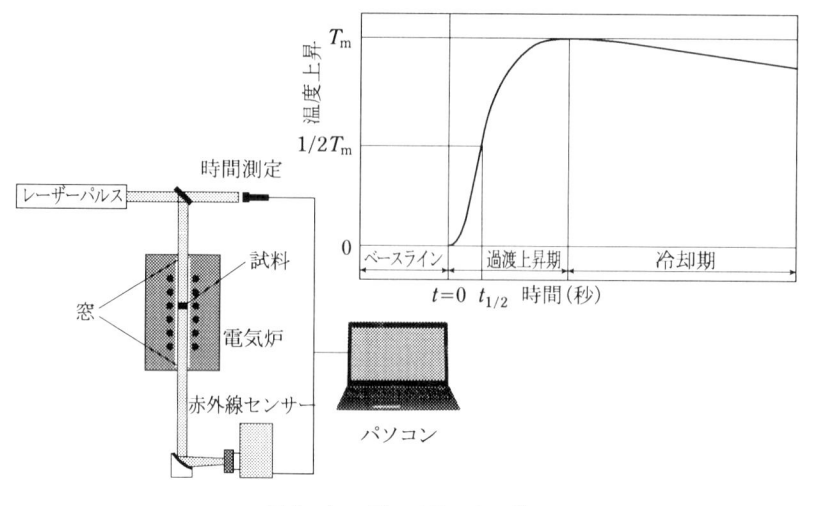

図4 レーザーフラッシュ法

よければ，ヒーターの温度は上がりにくいということになるわけです．液体や気体の測定には基本的な方法とされています．溶融高分子の熱伝導率測定にもしばしば用いられています．この方法は，ヒーターの形状や解析法を工夫したバリエーションが多数あり，ホットディスク法などがその代表格です．プローブ法と呼ばれる方法も原理的には同じです．

　現在プラスチックの熱伝導測定分野でもっとも普及しているのがレーザーフラッシュ法（キセノンランプ加熱などでは単にフラッシュ法）です．ちょうどコイン程度の大きさのサンプルの片面に強力なレーザーでパルス的な温度上昇を与え，裏面への温度到達を時間の関数として記録する方法です．図4に装置の模式図と得られるデータの例を示します．裏面の温度変化は，パルスに含まれる高調波成分が減衰して三角波に近づいて行きますが，その形の変化から熱拡散率を算定する方法です．数学的な処理が簡単なこと，測定が短時間で済むこと，試料温度を高温まで上げることができるなどの利点があります．高分子材料に限っては，透明なために事前に表面の黒化処理が必要なこと，レーザー

照射で表面温度が上がりすぎることなどの問題があり，特に1mm以下の薄い試料に対して適用する場合に注意が必要です．

温度波法

　筆者が，熱伝導装置開発をスタートさせたきっかけは偶然でした．1980年前後に，光音響効果法という，光吸収を熱に変え，ついで熱を空気の膨張に変換し，さらに音として捉えるという手順に興味を持ちました．普通は不透明で通常の分光法が適用できない試料の光吸収係数が，音の大きさでわかるというマジックのような方法です．早速，ピンマイクを購入し，セルを自作しました．光を直接あてても音になりませんから，ボール紙とモーターで作ったチョッパーをランプと試料の間に入れて，75Hzの断続光を作って密閉したセルに取り付けた試料に当てました．試料の後ろにはほんの少しの空気の隙間を介してマイクが取り付けてあります．図5がその時のセットです．発生した温度波を空気の膨張収縮の振動つまり音にかえてマイクで拾うのです．マイクをラジカセにつないで，ランプをオンにすると，想像をはるかに超えた大きな音が出ました．「おー」と歓声があがりました．五感で直接理解できる実験は楽しいものです．

　本格的に研究を開始するために，自作でロックインアンプを作り，色素の分光研究に応用していましたが，解析には試料の熱拡散率が重要なパラメーターとして登場します．もともと高分子の熱分析の研究をしていて，試料融解時の

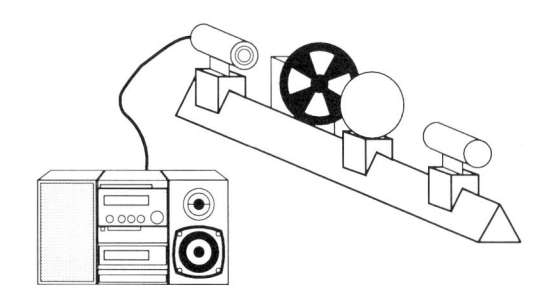

図5　光音響効果法

熱伝導率変化に関心がありましたので,ひょっとして熱拡散率の測定法としてよい方法ではないかと思い,各種のプラスチックフィルムに黒い塗料を塗っては,変調した光をあてて温度波を発生させ試したものです.なんと熱拡散率が測れるではないですか.これは感動しました.その段階ではじめて熱拡散率関連の文献調査をしたのですが,残念ながら少し前に類似の発表がありました.情報不足でした.熱分析と伝熱学は似ていても,異文化なのです.もっとも文献を読んでいたら,何も実験をしなかったでしょうから,この後のことは起こっていないでしょう.まずは実験してみることが大切なのかも知れません.

それなら温度を変えてプラスチックの温度依存性を測ろう.物性の温度依存性を測ることを熱分析というのですから,異文化の統一を目指したことになりましょうか.ところが,これがやっかいでした.まず温度を変えるとマイク感度に影響するので試料の近くにおけない問題もありましたが,第一に高分子フィルムが熱変形してどうにもならないのです.再現性の乏しいデータばかりで,打開に窮しました.ここに至って,購入したばかりの高価なコンデンサーマイクをあきらめました.

新しい方法は,薄いフィルム両面に金を小面積スパッタリングして薄膜電気抵抗を取り付けガラスで挟み,さらにエポキシ樹脂に埋め込んでがっちり固める方法です.温度計測では,こんな方法はタブーです.しかし,片方の抵抗に通電して温度波を発生させ,反対側の抵抗変化をロックイン増幅することで,温度波を捉えることができたのです.実際に実験を繰り返してみると,マイクよりはるかに安定して測定できたのです.しかも絶対温度変化よりも波の位相に着目しているので,装置定数となる周囲の材料(バッキング)の熱物性とか,加熱量の不均一などが関係してこないためでもありました.こうして高分子薄膜の熱拡散率が,200℃程度まで精度よく測れるようになりました.ここで開発した装置は,現在でも現役です.

温度波法は,サイン波などの温度波が伝わっていく過程の解析を基本とします.開発当時は,「温度は高温から低温に流れるのだから波なんて存在するのですか.」という質問がたくさんありました.確かに定常状態では,高いほうから低い方へ流れるのですが,外部から熱エネルギー変化が与えられると,減

衰しながら拡散していくのです．重力場中でも水面が波立つのと同じことですが，熱の波に関しては，ほとんど認識されていないようです．少し専門的になりますが，この温度波は減衰がはげしく，波の周波数と媒質の熱拡散率(物質中を温度が伝わる速さに相当)できまります．これを熱拡散長さといい以下の関係となります．

熱拡散長さ＝$\sqrt{熱拡散率/周波数}$

交流的加熱のもっと身近な例は，日照と地表温度の関係です．朝の日の出とともに地表温度が上昇を始め，夜が来ると冷却されますが，1日周期の加熱，冷却すなわち日較差はほぼサイン波の変化になります．土壌の熱拡散率を$2\times10^{-7} m^2 \cdot s^{-1}$と仮定します．1日の長さは24時間×60分×60秒すなわち約86400秒です．周波数はその逆数ですから，$1.16\times10^{-5} Hz$となります．ここで日較差の影響がどこまで行くのか考えてみます．換算式を使うと，温度波の浸透する距離は，たかだか10cm程度となります．余裕をみて50cmもあれば日較差の影響はなく一定ということになります．厚い石壁の家なら一日中昼夜の平均温度で一定になることが推定されます．ついでに年較差を考えます．1年はおよそ3×10^7秒ですから，同じ計算では，およそ1m程度です．少し深めの井戸や洞窟の深部では1年中温度が一定になるわけです．

さて測定法としての温度波法は，与える側の温度振幅で1℃以下とサンプルに熱ダメージを与えない微弱な振幅を使います．現在市販している温度波法の装置概念図を図6に示します．ヒーターからの波を試料を通してヒーターで捉えるのですが，小さなシグナルを多数積算して感度を稼ぐ方法を指向しています．このような変調型の測定にはロックインアンプという特殊なアンプを使い

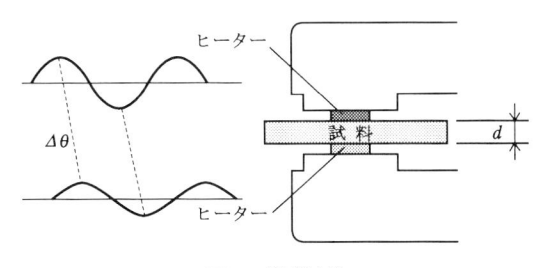

図6　温度波法

ます.簡単に説明すると,サイン波とコサイン波のリファレンス波を作っておき,それぞれを検知したシグナルとの積の和を求めます.どちらかに完全に一致すると1（n個の波を観測して,1波当たりを計算する）,不一致なら0になるような設定にします.実際の測定では少しずれますから,サイン成分とコサイン成分のそれぞれの2乗和が1になります.さらに,各成分の比率から位相遅れが決められるのです.もし,リファレンス波と周波数が異なると,多数の積の和はゼロになり,ロックした周波数以外はすべて除去されます.温度波法は,このロックインアンプが使えるので,高感度な測定になるのです.厚みが既知であれば,ある適当な周波数での位相遅れから熱拡散率が簡単に求まります.

標準化へ

　測定法は,標準化が大きな意味を持ちます.温度波法も早い段階から標準化を指向していました.1998年の7月のある夜,その月の下旬にポルトガルで行われる国際会議の件を,ビールを飲みながら相談していました.そこに,当時の通産省から電話が入ります.筆者が以前から提案していた温度波法の標準化について,「ISOへ提案することはできませんか」という打診でした.「もし可能なら概算要求に加えるので,今日の深夜までに原案提出してもらえないか」と言うものです.慌てて,濃いコーヒーを飲んで,書類を整えてFaxしたのはまさに12時でした.シンデレラと予算申請は12時までが勝負.チャンスは,突然に現れ,さっと消えていくというのが世の常.日頃からいろいろと心づもりがないと咄嗟には反応できないでしょう.

　翌年,ISO提案を目指した,プラスチックの熱伝導率測定法に関する実行委員会が立ち上がりました.座長をアルバック理工会長（当時）の前薗明一氏にお願いしました.研究主体となるわが研究室の森川淳子氏ほかの専門委員,日本化学工業協会,プラスチック工業連盟,日本規格協会,NEDO,通産省と錚々たるメンバーが相い会しました.測定法のブラッシュアップに3年,2000年の熱関連の国際会議で数カ国の賛同を得て,2001年にベルリンでのISO-TC61国際会議で提案するまでにこぎ着けました.

6章 研究-装置化-起業-標準化-窮すれば通ず-

表1 ISO：高分子関係の委員会

CommitteeTitle
TC61/SC 1 Terminology
TC61/SC 2 Mechanical properties
TC61/SC 4 Burning behaviour
TC61/SC 5 Physical-chemical properties
TC61/SC 6 Ageing, chemical and environmental resistance
TC61/SC 9 Thermoplastic materials
TC61/SC 10 Cellular plastics
TC61/SC 11 Products
TC61/SC 12 Thermosetting materials
TC61/SC 13 Composites and reinforcement fibres

表2 ISO/TC61/SC5：物理化学的性質

CommitteeTitle
TC 61/SC 5/WG 1　光学的性質
TC 61/SC 5/WG 4　透過率と吸収率
TC 61/SC 5/WG 5　粘度
TC 61/SC 5/WG 8　熱特性
TC 61/SC 5/WG 9　レオロジー
TC 61/SC 5/WG 11 分析法
TC 61/SC 5/WG 12 灰分
TC 61/SC 5/WG 13 標準物質
TC 61/SC 5/WG 16 電気的性質
TC 61/SC 5/WG 17 密度
TC 61/SC 5/WG 19 融点
TC 61/SC 5/WG 21 品質と精度
TC 61/SC 5/WG 22 生分解性プラスチック

当初は「温度波法なんて見たことも聞いたこともない」という冷ややかな反応でした．所詮，国と国とのぶつかりあいですから，一口に標準化国際会議といっても，交渉は半端ではありません．気分的に異文化の衝突になるのです．どうしたら認めさせられるか．わが軍のエース技術者早川栄太氏が発憤し，「それじゃ」と翌年には持ち運べることのできる装置を完成させ，2003年のマーストリヒト会議では，ついに会議室へ持ち込むまでにこぎつけました．ここでも困りごとが起こりました．会議の前夜，機械のテストをしていた森川氏から日本へ緊急の電話がありました．日本は当然深夜です．「動かない．どうしよう」というのです．そういわれても，実機をさわれるわけではありません．パソコンとの連動ミスなのか，ソフトのバグなのか，装置の接触不良なのか，

もっと本質的なトラブルか．電話口の早川氏も，必死に想像するばかりです．至急修正ソフトを書いて送ろうか，というところまで行きましたが，日本からの指示に従って，あれこれいじっているうちに，電話のやりとりだけで奇跡的に動いたのです．アメリカの有人衛星のトラブルを地上からの指示で修理帰還したアポロ13号の件と同じといえば少し大げさでしょうか．

この装置が会議の参加メンバーにインパクトを与えたことは言うまでもありません．欧米人との戦いは，未だにたいへんなことなのです．森川氏の交渉力と粘りで，温度波法は無視できないものとなりました．

特許について

いつの頃からか大学の研究も特許を重視する動きが起こりました．わざわざ知財本部ができ，大学教員の発明を一括して管理する体制ができました．この温度波の原理特許を出願した1990年前後は特に規制もありませんでしたが，特許というのは教員個人で負担できるようなものではありません．何か特許庁が親切にアイデアを保護してくれるかのごとき印象を与えていますが，実際にそうなのですが，先立つものが必要なのです．出願には弁理士費用，印紙，外国出願（主要工業国数カ国として）を含めると一千万円は超えることもまれではありません．さらに，その権利を維持するために年金として百万円以上かかるのです．関連特許の10件も押えたらという案には簡単には乗れません．発明者は金を出してくれる出願人（会社等）に頼りますが，実際の中小企業には酷な制度のように思えます．

研究者が特許を書くことは，結構な壁が感じられます．研究論文は広く一般に「自慢」する行為ですが，特許は権利を主張した排他的なものです．当然書き方もまったく違う角度からになりますので，どうしてもうまく書けないものです．学会発表や，最近では学内の卒論発表まで，注意しないと公知の事実となって権利を主張できないのです．

なおISOでは，特許が成立している技術でも，実施（有償であっても）を認めれば成立します．意外に寛容です．

ベンチャー立ち上げ

　少し前後しますが，ISO提案のめどがついた段階で，温度波法の製造販売を目指した大学発ベンチャー企業アイフェイズを2002年春に立ちあげました．小泉内閣では平沼プランによる大学発ベンチャー1000社計画が実施に移され，国立大学教官への規制が若干ゆるんだタイミングでもあり，NEDOの開発資金も導入できました．アイフェイズ社も大学内に設置された，インキュベーションセンターへ入居して，本格的活動を開始しました．ベンチャーの立ち上げには表に上げたような順に手続きが必要で，社名から始まって結構面倒でありながら，貴重な体験をしました．

　大学の研究成果を商品化するのは，命綱なしで急峻を登るようなものです．当初の案では市販品を集めて組み立てる方式でしたが，ISOへ持って行った小型装置を発展させ，全部自社開発のモバイル機へ切り替える方針としました．商品としての完成には，アイデアと裏付けとなる技術は当り前として，何より時間が必要です．

　ここでも難題発生です．大学内のインキュベーションセンターとの契約の3年が切れたのです．2カ月後に退去されたいという書面を受け取ったときは進

表3　ベンチャー立ち上げ手順

発起人・社名・本店住所の確定
ネットアドレス・URL などの確定
定款案の策定　　公証人役場へ相談
取引銀行口座開設準備　株式申込事務取扱委託書
法務局　商号調査と確定
定款の確定
発起人印鑑証明など関連書類作成
発起人会　取締役の決定
社印作製と印鑑登録
銀行口座開設　資本金の振り込み
法務局へ会社登記　　司法書士
管轄税務署へ各種届出
都税事務所へ各種届出
社会保険事務所へ登録

退に窮しました．代替えのオフィスが見つかるまで待って欲しいという要望にも，制度上例外は一切認められないとの回答．備品や仕掛品もかなりの量です．見るに見かねた事務方の好意もあり，仲間の各所に分散して保管し，不動産屋巡りが始まりました．ベンチャー企業は3年での独り立ちはとても難しいものです．ただ結果的には，学外へ出ることで，われわれも鍛えられ，自立への足取りが確かなものになったのです．「窮すれば通ず」です．

　当時は，といっても今からそう昔ではないのですが，ベンチャーファンドなども鳴りもの入りで立ち上がり，大学発ベンチャーが華々しく喧伝されました．アイフェイズ社もファンドから資金調達を行ったのですが，いま当時の事業計画を見直すとまさに噴飯ものです．大学発のアイデアをもとに，装置を作り，製造を外注し，ソフトも外注し，営業のプロを雇い入れて，世界視野で売り出せば，5年後には上場できて，創業者利益を得るというスキームですから，いかに牧歌的な計画であるかおわかり頂けましょう．先行していた米国のベンチャー制度を模倣しても日本の風土に合わないのは当然のような気がします．

　机上で作られる政策には，研究者側の心情がほとんど配慮されていなかったのです．新技術のインキュベーションという難題に取り組むときは，公的機関も手さぐりです．悪気はないにしても，場当たり的になりがちで，それまでの規則や法律などと整合性がないため，後から後から問題が発生するというパターンに落ち込みます．せっかちな日本国のベンチャー施策は，わずかな期間でしぼんでいくことになりました．技術立国をうたう役所と，実際に技術を支える側には文化的な深いギャップが存在しているように感じます．本当の技術立国のためには，現状では今一息ということでしょうか．

原理原則から製品へ

　素人が会社を興して，当然知らないことだらけですが，会計，税務，法務，契約などは，決まりごとですから，面倒くさいことはあっても，思ったほど難しいことでもありません．ここら辺を外部に任せず，とにかくハイテクベンチャーは発明者が経営の中心に座らないと上手く行きません．技術に対する理

解と愛情が絶対条件ですから,立ち上げ当初は,営業や経営のプロなどは全く無用の長物で,固定費の増加は,わずかな収入しかないベンチャーの成長を阻害することになります.異文化闘争をする暇はありません.時代が後押ししてくれていますので,技術者だけで十分に,会社経営はできます.まず,メールで会議が省略できること,携帯電話で場所に縛られないこと,ネットで情報発信できること,同じくネットで部品や事務用品を調達できること,アメリカから中3日で届きます.宅配システムの充実,パソコンを中心に電子回路の発達です.これで,最小限の人間で,かつ兼業しながら,会社運営ができる体制が作ることができたのです.もちろん優れた技術者の参加は大前提.ただし,研究アイデアから商品への壁はとてつもなく厚く高いことを最初に思い知らされました.いまでも設立当初の試作品が多数転がっています.幾多の「完全に窮した」事態が,新しい契機となって,ブレークスルーしたのかなと,今,思っています.

小型テスター型装置の誕生

　筆者は,装置を研究室から解放したいと漠然と考えていました.思いついたときに実験したいし,第一に装置が欲しいのではなくデータが欲しいのですから,測定は簡単なものが良いのはあたりまえ.アイフェイズ設立当時の温度波測定装置は大きく,電極はスパッタリングという面倒な操作でとりつけていました.解析も経験がいる.これではベンチャー立ち上げの意味がないと忸怩たる思いがありました.何とか画期的なものが欲しい.
　図7は,1990年前後に一世を風靡したスーパーファミコンのケースです.ほぼA4サイズです.新熱拡散率測定装置はこのケースに入ることが,まず大前提になりました.最初のモバイル機のケースとサイズを較べてください.
　従来型装置は大きなケースに入っている,発熱源としての発振器,プリアンプ,ロックインアンプなどはワンボードの回路を自社開発すること,肝腎の温度波計測部も安定したものを開発することになりました.インターフェースと表示部を簡素化して,徹底的に無駄を省いて,消費電力1W以下の熱拡散率測

図7 スーパーファミコンのケース(右)と最初のモバイル機のケース(左)

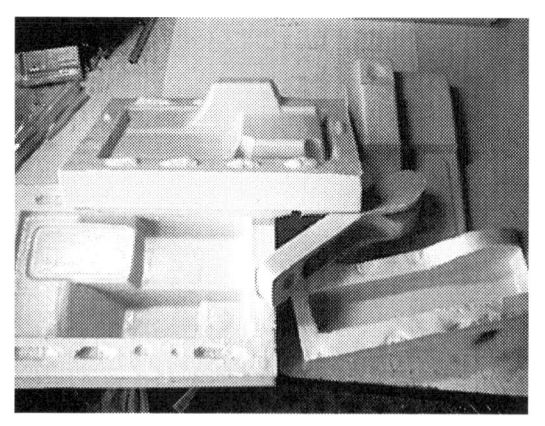

図8 試行錯誤して作製中の試料セットの型

定システムができたのです.
　まず試料をセットする部分ですが,ゴム型でウレタン成形して形状を試行錯誤しながら決めました.図8にその時の型を示します.最終的にジュラルミンで小型化を図ったのですが,ジュラルミンが磁性を持つことを迂闊にも思い至らず,後述する厚み系に採用した作動トランスに影響しました.これはアルミダイキャストへ変更することで解決しました.

計測の入り口はセンサーですが，これは一般的にOPアンプと呼ぶ，小さなICで増幅します．その後段階でADコンバーターに入ります．分解能をどうするか議論のすえ汎用で回路的にも扱いやすい，16ビットで十分としました．2の16乗すなわち65536の分解能になります．多少ビットが欠けても，4桁の有効数字を確保でき，計測には問題無いとの判断です．周波数が1kHzまでなら十分の時間分解能があります．

装置を作る上で悩ましい点の一つに精度があります．工学では有効数字の考え方は非常に重要です．ただ桁数を2桁なのか3桁なのか，はたまた4桁なのかを決めるだけですから，シンプルなのですが，工業規格がしっかりと存在するほど，奥が深いともいえます．有効数字が大きいほうが良い測定になりそうに思えますが，装置製造コストは飛躍的に上昇します．さて，どのくらいが妥協点なのでしょうか．典型的なものに円周率があります．ほとんどの人の記憶は3.14となっています．いつだったか，3にしたらどうかという議論がありました．教育現場から猛反発を受けたことは記憶に新しいところです．実際には無限にあるわけですが，なぜ3.14が落ち着く値と感じるのでしょうか．

身の回りを見ると，気温，体重，など多くのものは3桁で表現して使っています．したがって4桁あれば実用上十分との判断に落ち着きました．

薄膜用の熱拡散率測定装置ですから，厚みの測定が必要です．通常はあらかじめ測定した値を使うのですが，逐次測定したいので，アームの上下を観測することにしました．光てこ，誘電率測定など色々と候補がありました．最終的に差動トランスとしたのですが，これを少量巻いてくれるところがありません．しかたなく，自分たちで手巻きしたのです．太さ30 μmのウレタン線を小さなボビンに3000回巻くのは，指先の器用さと根気が入ります．初期の巻き線機は糸車をつかった手動式でしたが，さすがに均一に巻くために，モーターを使った治具を作製しました．16ビットは，厚み計でいうと約6000.0 μmまで分解できることに相当します．2 mm以下の薄膜を対象にしている本機では十分な分解能です．

装置を作る上で，もう一つ重要な点があります．治具（ジグ）です．何かを作り込む専用の工具，道具などを治具と呼びますが，本機でも多数用意されま

した．図9は，測定機のキモでもある温度センサーを研磨する治具で，いろいろな工夫が施されております．

図9 研磨ジグ．装置の要めである温度センサー部分を研磨するための専用道具（ジグ）．装置を作り込むためには，ジグが非常に大切で，位置決めジグ，コイル作製ジグなど，多数用意してつくられています．

図10 小型熱拡散率測定テスター（アイフェイズ社の現在の製品）

アイフェイズ社の現在の製品を図10に示します．A4サイズの小型のトランクに収まっています．1.5kgの小型軽量，サンプリングの手間なし，前処理なし，経験不要，簡便なメンテナンス，迅速測定，少量試料，あらゆる種類の試料に対応（薄膜限定ですが），200℃までの温度可変可能と，当初の目標を超えた性能を発揮しています．

ISO 成立

2008年秋に念願のISOに，プラスチックの熱拡散率，熱伝導率測定法としてレーザーフラッシュ法，ホットディスク法とともに温度波法が認定されました．正式番号は，ISO-22007-3です．助走を入れて約10年の努力がようやく実ったという充実感があるとともに，測定法の研究は，普及して使われることに意義があると，気を引き締めてより良い装置開発に弾みをつけていこうと思います．この規格は，プラスチックの熱伝導というほんの一分野に過ぎませんが，IECの携帯電話内の材料評価法として引用されたり，他の分野での引用も始まるなど，インパクトは大きいものです．国際規格となりますと，欧米との対立に加えて，工業力を増してきたアジア諸国との摩擦も予想されます．良いものを作るというだけでなく，発信していく努力もいろいろな局面で必要になるだろうと思います．所詮，異文化に属する人間同士のつきあいの中ですから，専門分野ばかりでなく，文化そのものの相互理解の中での交渉が必須の時代が来たように感じます．われわれも出来るだけ，心の中にある垣根を取り払って，まずは自国の文化を理解することから始めなければならないでしょう．

茶の本

文明の衝突はいつの時代にもつき物です．明治維新後のそれはおそらくたいへんだったと思います．西洋の技術をとにかく導入するのだという勢力が，あらゆる分野に及んだわけですが，とりわけ科学技術分野は，欧米に学べ，学べの一辺倒であったことは周知のこと．大量消費型から省エネルギー型へ転換を

考えると，少し日本的というか東洋的な価値観を見直しても良い時期になったのではないでしょうか．ネット社会は確かに便利ですが，得られるのは断片的な知識ですし，もともと導入技術は表面的なものですから，東洋の島国の特性を生かした生き方がある気がします．

　ここで紹介するのは，明治の碩学，岡倉天心の『茶の本』(図11) です．意外にもこれは「The book of Tea」という作品の英語からの翻訳です．ここで言う茶とは，茶道を指すことは言うまでもありませんが，日本の伝統的な美あるいは美意識を象徴しています．書のなかでは，欧米に屈することもなく，対峙させて論じていますが，ほぼ同時代の絵描きである，ベネチアの巨匠ティチアーノとわが雪村を並べるなどは面目躍如といったところ．さらに文化の融合を図ろうとしている天心の思想は，現代の我々にこそ必要と感じます．天心は，東京美術学校日本画科設立にかかわり，弟子筋に，狩野芳崖，橋本雅邦，横山大観，菱田春草，下村観山，川合玉堂と錚々たる日本画家をそろえた黄金時代を築いたそのプロデュース力に敬服します．西洋化の荒波の中で，日本美術の再

図11　『茶の本』(岩波文庫)

興に与えた功績と，日本文化を欧米に紹介したことの足跡は大きいでしょう．茶の本は1906年の出版です．

　2010年の夏，筑波で化学熱力学の国際会議が開催されました．天皇皇后両陛下ご臨席で開会式とレセプションがあり，厳粛かつ盛り上がりのある国際会議でした．筆者もいささか関わりがあったので，お茶会を企画しました．和服の女性が，狭い茶室でお茶をたて，畳，掛け軸，一輪ざし，茶菓と本格的なもので，茶器もいわゆる銘器といわれるものまで用意した本格的なものでした．当然茶の精神，作法を英語で説明するというものです．誰も来ないのではという危惧は，すぐに吹き飛んで，大盛況となりました．数人の定員の席に10名以上押し込んでやっとさばけるという状態がずっと続きました．主に欧米人が多いようでした．このような日本文化への関心が，大いに高まったのは天心のような先人の努力の賜でしょう．ただ，この茶会には，日本人参加者の関心が薄く，自らの文化を大切にしない風潮を反映しているようで，少し残念でした．物理化学の著者アトキンス先生も，神妙な面持ちでご参加されていたことを付け加えておきます．

　岡倉天心は言います．「今日は工業主義のために真に風流を楽しむことは世界いたるところますます困難になっていく．われわれは今までよりもいっそう茶室を必要とするのではないだろうか」と．

▶▶▶ ▶▶▶ ▶▶▶ ▶▶▶ ▶▶▶

身近な食品・製品の熱伝導率 実測値

試料名	熱伝導率 20℃ [W/m·K]
空気	0.026
発泡スチロール	0.032
スペースシャトルの断熱材（発泡アルミナ）	0.048
マフラー（平織り，毛）	0.053
ハンカチ（木綿）	0.067
めがね拭き（極細繊維織物，ポリエステル）	0.081
1万円札	0.085
新聞紙	0.086
バターロール	0.11
雑誌本文紙（ニューエイジ）	0.11
パウンドケーキ	0.12
ヨーグル容器フタ（PP）	0.15
エチルアルコール	0.17
アクリル板	0.18
消しゴム MONO（プラ消し，塩ビ）	0.24
マヨネーズ	0.26
りんご	0.33
クリームチーズ	0.41
薄力粉（水練り）	0.42
プロセスチーズ	0.43
たまご焼き（出し巻き）	0.48
まぐろ（赤身）刺身	0.53
ポリエチレン板	0.55
豆腐（木綿）	0.57
水	0.61
ガラス板	1
ステンレススチール*	16
アルミニウム*	200

測定装置：温度波熱分析法熱伝導率測定装置 アイフェイズモバイル10型
ただし，*は参考値．

7 炭素原子のオデッセイ
― かわいい子には旅をさせよ ―

有機材料は炭素でできている

　2010年のノーベル賞は，物理学賞で単層炭素膜であるグラフェン，化学賞で触媒化学分野での炭素－炭素カップリング反応の研究者に与えられました．共に炭素が直接に関係した研究です．人間のほとんどは，水と炭素でできていますから，炭素の研究は人間そのものの研究でもあり，また，高分子とも浅からぬ縁のある研究です．

　炭素は，昔から安全な元素の一つに数え上げられてきました．なにしろ飯炊きの鍋に炭の固まりを放り込むほどの信頼を獲得しています．炭素原子の究極の姿であるダイヤモンドは，目の当たりにしたとたん，ほとんどの人が目の色が変わってしまうほどのオーラを発しています．多分，他の宝石にはない仲間意識がどこかで働くのでしょう．ダイヤモンドは，元をたどれば，動物を含む有機体が地中深くに追いやられ，長い年月にわたって超高圧と灼熱を与えられた結果できた，いわば生命の結晶と言うこともできます．さらに元はと言うと大気中の二酸化炭素です．長旅をしてまた戻ってくる一種の輪廻が炭素原子にもあるわけです．

　炭素はどうも地球上の特産というわけでもなく，隕石中で発見されたり，特定の星などにも存在が知られているし，最近では宇宙空間にナノカーボンが多数浮遊しているという発見などもあります．8～20 μm領域の赤外吸収スペクトルからC60の存在が確認されたとか．どうやら炭素は，宇宙を旅しているらしいこともわかってきました．「E.T.」（地球外生物）の存在もあながち否定できません．スピルバーグの映画のような形態であるかどうかは疑問ですが．炭素原子は，あらゆるところにあって，あるときは気体になり，さらに人間を形成し，また真っ黒にもなり，輝く存在にもなる，そんな輪廻を繰り返し，実体

としては姿を変えつつあちこちをさまよっているのです.

　各地を放浪すること,長らくさまようことをオデッセイ(odyssey)といいます.ギリシャ神話に登場するトロイ戦争で活躍する姿を描いた物語,ホメロスの「オデュッセイア」の主人公オデッセイ(Odyssey)が各地を放浪したことから派生して,先頭を小文字にして彷徨うとか放浪するとかの意味に転じたものらしい.イメージ的には長期間であること,出発点に戻ることを暗に含むのは,物語になぞらえた言葉だからでしょう.

　この話をベースにした絵画や小説は無数にあります.ちなみにオデッセイは英語ではユリシーズといいます.ジェイムス・ジョイスの傑作「ユリシーズ」は,「オデュッセイア」を現代に置き換えた小説です.ただし難しい小説です.どうもこの手の小説は,ヨーロッパの古典的知識・教養がないと本当のところは理解できそうもありません.文化圏の違う人間は,表面的な理解は可能であっても本当の理解には至らないという典型例かも知れません.

炭素の輪廻

　地球創生期には,大気中に二酸化炭素が大量にあったらしいことが現代の定説です.炭素原子1個と酸素原子2個で,安定した世界が天空に創られていたのです.何のはずみか,地表では生命体が発生し,いつのまにか植物が生い茂り光合成が本格的に始まったのです.いわゆる炭酸ガスの固定のはじまりです.大気中の二酸化炭素ガスと水が太陽からのエネルギーによって炭水化物に変身を遂げるわけです.この過程で放出されるのが酸素ガスです.有機物には酸素はそれ程要らないと言っているようなものです.この気体酸素と炭水化物の出現が,動物の発生を誘発しました.言い換えると動物は炭水化物中の炭素を酸素と結合させて,大気に戻す役割を与えられたのです(図1).こうして炭素原子の地球上でのオデッセイが始まったのです.

　植物は非常に複雑な経路で発達したので,炭水化物以外の物質製造についてはまだ未解明の部分がたくさんあります.とにかく単純な図式ではないでしょう.あるものは自分の身を外敵から守る物質を創り,あるものは昆虫を呼びよ

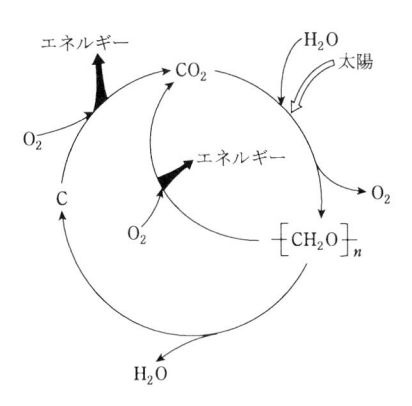

図1 炭素原子のオデッセイ

せるための色素と香り物質を創り，また自分の傷を癒す樹脂まで出すこともあります．木材，香料，色素，ゴム，松ヤニ，和漢薬など，今日でも光合成を基本とした植物に頼っていることは間違いありません．また化石燃料も元をたどれば植物です．生活に必要なエネルギーもまた植物頼りというわけですが，核エネルギーのように炭素循環の輪からはずれたものは，我々には完全に理解しきれない危険なエネルギー源とみなす必要がありそうです．医者に行くと，「野菜を食え，野菜が大事」と言われますが，これも同じ文脈でしょう．

　光合成では，主に葉でデンプンが合成されますが，これが養分としてためられる分と，自分の体をつくるセルロースに分かれます．セルロースは細胞膜の主な成分です．堅い木の成分も細胞膜の変形ですが，成長方向へ並んでいますから，強い方向性を持つことになります．高分子材料は配向させて強くするという鉄則は，すでに自然界で成立していたことなのです．植物が手を変え，品を変えてため込んだ物質を栄養として頂戴しているのが，人間をはじめとした動物ですが，あの酸素がやってきて，エネルギーを置き土産に，炭素の大部分は，呼吸と燃焼を通じて大気へ戻されてしまいます．魔の手を逃れたいくらかの炭素が過酷な地中探検に赴くことになります．

　話はそれますが，よく年代測定法に使われるC14法は，炭素中にわずかに含まれる質量数14の同位体から出る放射能の減衰を調べるものです．つまり炭素には放射線を発するものがあると言うことですから，我々の体内にも常にあ

ると言うことです.不思議なのは,新しく光合成された炭化水素中の炭素は常に一定の放射線強度で,木などの中に閉じ込められた^{14}Cだけが時代を経て減衰しているのです.すると大気中の二酸化炭素は不老不死で,生命体である固体中の炭素になった途端に寿命がカウントされ始めることになるということでしょうか.

自然界の炭素材料

自然界にある炭素材料は,地中深く眠るダイヤモンドと,比較的地表に近いところから産するグラファイトがあります.同じく純度の高い炭素(同素体)でも,一方は硬度が高く最高の研磨剤,一方はやわらかで潤滑剤として用いられるといった両極端の性質を示す面白い元素でもあります.ほかにも物質随一の透明性と黒くて全くの不透明な点,絶縁性と片や導電性と,何から何まで違います.図2は,ダイヤモンドの結合状況です.4本の腕が,完全に3次元的に共有結合した構造です.

ダイヤモンドは,高圧高温でグラファイトが変性したものと言われています.もとは地表にあったものが地殻変動で潜り込み高圧と高温で生成するのです.炭素は隕石中にも発見されているので,その昔,隕石衝突の高圧と高熱から,月にはダイヤモンドがざくざくあると言われたものです.ダイヤモンドが

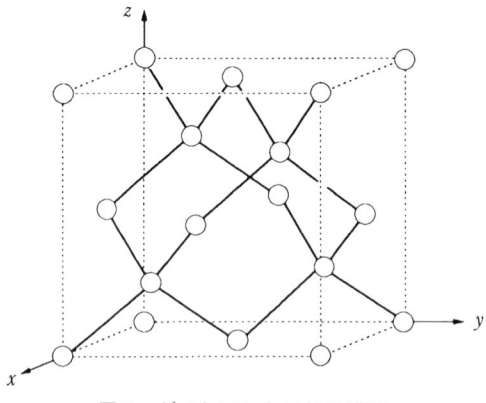

図2　ダイヤモンドの結晶構造

炭素であると知られてから，たくさんの人が合成にチャレンジしました．モアッサンやブリッジマンなどのノーベル賞学者も参戦しています．特にモアッサンは執念を燃やし，溶けた鉄に炭を大量に入れ，急冷したときの凝集力でダイヤができると確信していました．実験に疲れた助手がこっそりと本物を入れたために大誤報となったといいます．惜しいかな，あと少しだけ圧力が足りなかったとか．これら先人の努力の先にGE社の人工ダイヤの発明があるのです．

地球で見つかる天然ダイヤモンドは，どうやら植物あるいは動物由来であることが定説になっています．宝石用ではカット，カラー，クラリティ，カラットの4Cが評価基準ですが，このうちカラーは，主に不純物である窒素が少し黄色味を帯びさせるために生じるのです．もちろん窒素はタンパク質由来です．ただ，現実には宝石用の透明なダイヤはほとんど産出せず，グラファイトからの変性途中のものが圧倒的に多いわけです．その昔英国王室の権威を象徴したダイヤは，最大の産地インドからのものでしたが，映画「インディー・ジョーンズ」に描かれたような採掘法と過酷な労働であったと推定されます．

ダイヤモンドは，刃先など多数の工業用途がありますが，科学的にも基準物質として重要で，特にアボガドロ数を決めるための物質として無二の存在です．密度，原子間距離が正確に求まるからですが，原子量が炭素を12として決まったのはダイヤモンドの存在が大きいでしょう．

一方のグラファイトは，断層面で良く見かけられ，堆積した有機物が断層の動くときの高温の摩擦熱で炭化することによるらしいと，地質学専門の友人に聞いたことがあります．天然グラファイトは，古くから産出しており貴重な物質として使われてきました．もともとグラファイトとは，「書く」という意味だそうですし，漢字でも石墨というのですから筆記用が従来の用途と思われます．黒い材料としては，鉛筆などに進化しています．もちろん工業的には重要で電導性とイオン化しない電極として，中性子の速度を適度に減速させる能力を生かした原子炉の減速材などは代替えが難しい用途でもあります（図3）．

現代でもパソコンのCPUからの発熱を拡散冷却するための材料としても用いられています．グラファイトは，面上に発達した材料で，面方向には高い熱伝導率を示すのです．天然グラファイトを面方向に強く変形させて，熱伝導性

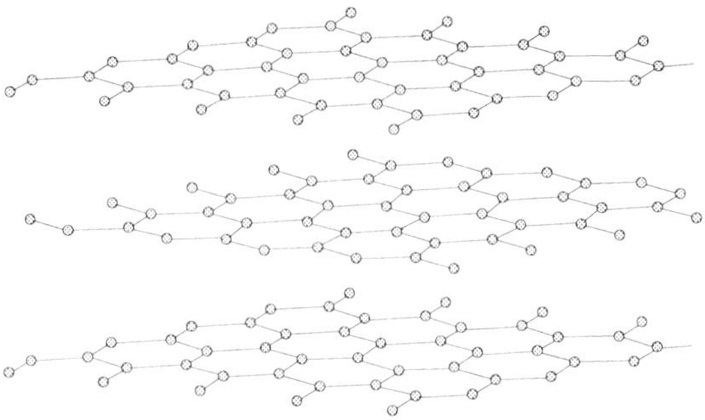

図3 グラファイトの結晶構造

を向上させ，熱を逃がす拡散板として使うのです．こういった応用でもグラファイトなら何でも良いというわけではなく，産地によって性能が違うと言いますから，やはり天然素材らしい特徴を持っているのです．

　炭素材料に，石炭なども天然炭素に含めてもいいでしょう．もちろん木材が地中で脱水して，つまり炭水化物から酸素・水を放出し変身したものです．還元された分，酸素と結合しやすくなり，二酸化炭素へ戻っていきますが，その際に発生する熱エネルギーを頂戴するわけです．石油もまた炭素リッチな有機物であることは言うまでもありません．いろいろな化学工業は，木材化学，石炭化学，石油化学の順に発展してきましたが，まだまだ人類は植物の能力に頼っているわけですが，ある意味で必然の成り行きと言うべきでしょう．

アーティフィシャルな炭素

　炭素は安心安全ということで，空気・水と同等な信頼を獲得している物質です．人間もさまざまに工夫して光合成で固定された有機物の炭素化を図り，使ってきた歴史があります．もっとも古いところでは木炭です．単なる燃料なら薪で良いのでしょうが，安定した高温を得ようとすると炭にするのが良いわけで，東京でも昭和30年代まで，火鉢で暖を取っていました．

　木炭は単純に木を蒸し焼きにして作るのではありません．機能性を持たせるにも工夫が必要なのです．まず，すべての有機物は空気中で高温にさらすとガ

ス化してしまいます．二酸化炭素として連れ戻されます．ところが，焼け跡では，燃えるはずの木が黒くなっていますが，焼け残ることが多いのです．セルロースの炭化が起こっているのですが，最初の段階で空気があり，ついで空気のない状態で高温になるとセルロース炭ができます．もちろんこのことは太古から知られていて，世界中で木炭を作ってきました．

木炭は単なる暖房用というよりも，より高温を得るための熱源で，かつ強力な還元性の材料です．古来，銅や鉄の精錬用の需要が多く，大量の木材が伐採されました．ヒッタイトとかメソポタミアとか過去に繁栄した地域は，今では砂漠同然の憂き目にあっています．小雨帯では樹木を伐採すると元に戻ることはないようで，再生できない不可逆なエネルギー移動が起こったのです．17世紀に世界制覇したイギリスの原動力は製鉄業ですが，森が失われて困ったあげく，石炭を蒸し焼きにしてコークスをひねり出し，製鉄に使い出しました．エリザベス1世の御代ですから400年前です．

現代でも木炭は使われますが，黒炭と備長炭の種類があります．前者は火付きが良く，高温が得られるもので，クヌギなどの雑木を焼いたものです．ほのかな香りを愛でてお茶席などで使われます．一方，鰻屋で名をはせている備長炭は白炭ともいい，うばめ樫という紀州特産の堅い木から焼かれます．ゆっくり燃えて，長持ちするのです．江戸時代は紀州藩の特産として製法は厳重に秘密とされました．

炭を作るには，独特の方法があります．まず，薪に火を入れ，空気を適当に送り込んで燻らせます．薪は可燃物ですから自分の燃焼熱で温度があがります．400℃前後で保持し水分などが十分に飛んだあと，大量の空気を入れて一気に800℃の高温まで上昇させ，そこで空気を遮断して蒸し焼きにします．この手順は同じですが，備長炭の秘密とは，空気中燃焼段階をさらに200℃ぐらいの低温で長時間ゆっくりと行い，空気を絶った後段はさらに高温の1000℃まで上昇させて焼き上げます．この空気中で焼く前処理が有機物の炭素化に極めて重要な役割を担っています．酸素のコントロールを上手く行っています．実は，炭素繊維の作り方も全く同様な方法を使うのです．

全くの私見ですが，化学技術の発展とは，酸素との戦いで，とどのつまり炭

素をいかに酸素から引き離し,配列を変えるかということになるのではないでしょうか.ほとんどの物質は,ほっておくと酸化して用をなさなくなる方向へ変わります.有機物はそうして二酸化炭素と水に戻っていきます.金属なら錆びて土へ帰ります.そういえば,酸素を嫌う鉄と炭素材料は相性の良い同志なのです.

　人工的な炭素の種類に煤があります．いわゆる油煙をあつめたもので，膠(にかわ)などで固めて墨が作られ，筆記用に使われてきました．グーテンベルク以降に注目されたのが，印刷インキ用途で，カーボンブラック(チャネルブラック)として大量生産されたのは，輪転機の発展，新聞の流通と軌を一にしています．煤の仲間からの出世頭は，C60構造のフラーレン(俗称サッカーボール)，ナノチューブなどの，ナノカーボンと呼ばれるような一群です．いずれも有機物を出発原料として，製法を制御して，いろいろな形状の炭素材料を創るわけです．グラフェンはグラファイト炭素網面から一層だけ剝いだもの．こんなに薄いと透明で柔らかく，また電気を通すのですから，表示パネルの電極として期待されているのです．まだ未知の魅力を持った材料群です(図4).

フラーレン

カーボンナノチューブ

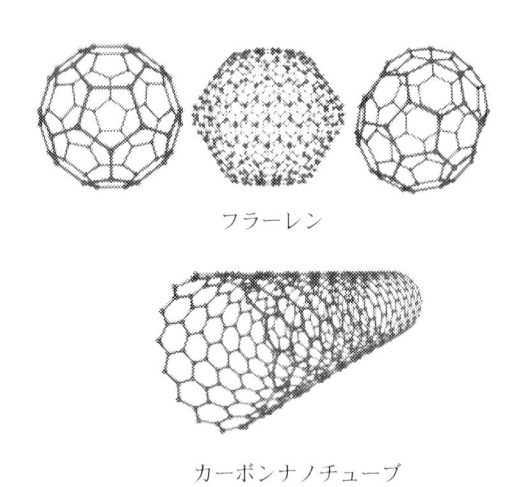

図4　フラーレン,カーボンナノチューブの結晶構造

気相ダイヤモンドも，メタンガスなどを原料にして，真空中で高電界をかけてプラズマ化し，クーロン力で壁に激突させて作るというのですから，驚きの発想です．メタンガスなどは，汚れ物の代表格の物質ですが，ダイヤモンドに変身ですから，シンデレラ物語顔負けではないでしょうか．月のダイヤモンド話もまんざら嘘ではないでしょう．

活性炭というのも身近にたくさんあります．細かな孔をあけて造ったもので，椰子殻のように自然に多孔質なものを焼成したものと，石炭などを処理したものがあります．活性炭は，石炭などを高温状態におき，適当に炭素化した状態で水蒸気や炭酸ガスを吹き込んで，結合の弱い部分を焼き飛ばして作ります（賦活）．以前実験室で炭素繊維を焼いていて，試しに水蒸気を入れてみたことがあります．みごとに炉心管が割れました．高温に耐えるアルミナ製でしたが．実験室での賦活は，ステンレス管を使うのが常識だと教わりました．

炭素繊維の作り方

炭素繊維は，いまや航空機やロケットなど高強度・高弾性でかつ軽量な材料では確固たる地位を築いています．もちろん高コストなので，高価で構わない用途に限られます．

もともとは，木炭と同様にセルロース系である綿布を高温で処理して炭素繊維を作ったのが始まりです．これは第二次世界大戦直後の軍拡・宇宙開発競争のなかコスト度外視で行われました．アメリカはセルロース系のレーヨンを原料として，そこそこ丈夫なものを得るには，数日のオーダーの時間をかけて熱処理していました．

合成系繊維での開発は熾烈を極めたのでしょうが，最終的に勝利したのがアクリル繊維でした．日本の大阪工業試験所の進藤昭男博士の特許です．進藤特許は，国が保有する特許のうちで，上位1，2に入る特許料を得たと聞きました．セーターなどで使われるポリアクリロニトリル繊維（PAN）です．構造式を図5に示します．側鎖にCN基（ニトリル基といいます）を持ちます．CN構造は，猛毒シアン化合物と同じです．事実，アクリルの毛布などが燻ると，青

図5 アクリロニトリルの化学式

酸ガスが発生して危険なことがあります．この毒性の側鎖が効きます．
　PANは，ニトリル基が隣の分子と強力な水素結合を作るため融点を持ちません．融点がないので，ポリエステルやナイロンのように溶融紡糸ができませんので，良溶剤に溶かし液状にしてから引張って繊維を形成し，貧溶媒中で脱溶媒して固化させる湿式紡糸と呼ばれる少し面倒な方法を使います(図6)．やはり融点を持たないビスコースなどセルロース系繊維と同様の操作です．

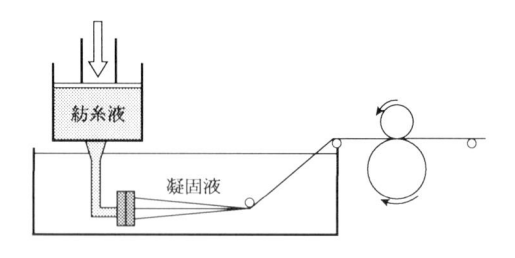

図6　湿式紡糸法

　アクリル繊維は，空気中で単に温度を上げると分解してしまいます．また，真空中で昇温してみてもガス化が大きく，よい炭になりません．収率のよい炭化には，炭焼きと同様に2段階で行います．まず，前酸化とか不融化と呼ばれる空気中での処理が必須です．皮肉なことにほんの少しだけ酸素の力を借りるのです．アクリロニトリルを図7のように分子内で部分的に重合して，高温に耐えられるようにガッチリとした主鎖を作り上げるのです．酸素が主鎖の水素を奪うために，側鎖ニトリル基の環状化反応が促進されます．この場合，熱処理条件は難しく，目安として240℃で2時間程度とされます．反応は温度を上

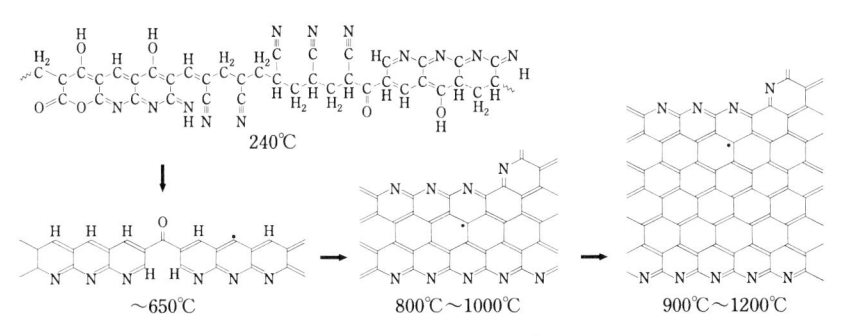

図7 アクリロニトリルの重合

げると早くなるのが理屈ですが，仮に260℃にあげると，反応が早すぎて，表面だけ焦げて固まり，中まで酸素が拡散しにくくなります．そのため，中心部分は一種のなま焼けになって，あとの高温処理でガス化しやすくなり，煎餅のふくれに似た欠陥が発生することになります．このあたりの熱処理手順は，木炭製造とほとんど同じであることに驚かされます．

前酸化処理した糸は，不活性ガス中で1000℃以上の高温熱処理を受けて炭化されます．有機物が炭素化するのは，結合した水素や酸素が離脱する500℃前後の反応で分子間の架橋が進む段階と，800℃以上での高温で脱窒素して炭素網面が発達する段階の2段階ですが，これはもちろん酸素なしで行わなければなりません．

もう一つ繊維の重要な性質が分子配向ですが，これは温度が上がると緩和して，等方へ戻ろうとします．従って，強力な炭素繊維を得たいなら，製造の全工程で繊維に張力を与えて縮まないようにするのがこれまた知恵というものです．

炭素化可能な高分子は，ポリイミド，フェノール樹脂，フラン樹脂，ピッチなど多数ありますが，精密な紡糸と前処理ができるのがアクリル繊維です．実は，図7のような純粋なポリアクリロニトリルでは炭素繊維は作らないのです．前処理である環状化を短時間で起こりやすくするために，微妙に酸化しやすい側鎖成分を共重合してあるのです．これらのノウハウによって，製造過程を短時間で上げることができます．短時間であれば，コスト面ばかりでなく，

過度の酸化を防ぐことができます．やはり酸素は炭化にとって敵ですから，これらの複雑な原料選択とプロセシングがあるために，炭素繊維は日本の繊維メーカーの独壇場になっています．

複合化

　実際の炭素は粉体や繊維ですから，そのままではばらばらになります．工業材料として用いる場合は，複合化されて使われます．車のタイヤはほぼ例外なしに黒色ですが，これはカーボンブラックが40％も混練されているからです．カーボン粒子がゴム分子と化学的に結合して強度と安定性(耐候性)を与えます．　天然ゴムと合成ゴムでは使われるカーボンブラックも違うといいますから，まだまだ奥が深い材料です．カーボンブラックなどの粉体を固めて使う場合は，どうしても最密充填の壁があります．およそ60％前後ですが，それ以上に高める工夫として，炭素粒子間に炭素化しやすい有機物を埋めて，再度炭化する方法，カーボン・カーボンコンポジットが使われます．金属を凌ぐ堅くて軽い材料となりますが，コストは言わないことになっています．

　炭素繊維も樹脂と一緒に使わないと能力は発揮できません．二つの方法があって，第一は糸または織物として樹脂で固めて使う方法です．相方はほとんどがエポキシ樹脂です（図8）．紡糸直後に未硬化のエポキシ樹脂を含浸させて，低温で保存し，適当な形に巻き付けてから硬化させるフィラメントワインディング法など，この炭素繊維複合系成形にも膨大な経験則とノウハウがあります．航空機やロケットでは無くてはならない材料であることは言うまでもありません．もう一つは，短くカットして混ぜ，射出成形を可能としたタイプです．繊維を短くするのは性能をダウンさせることになりますが，それよりも成

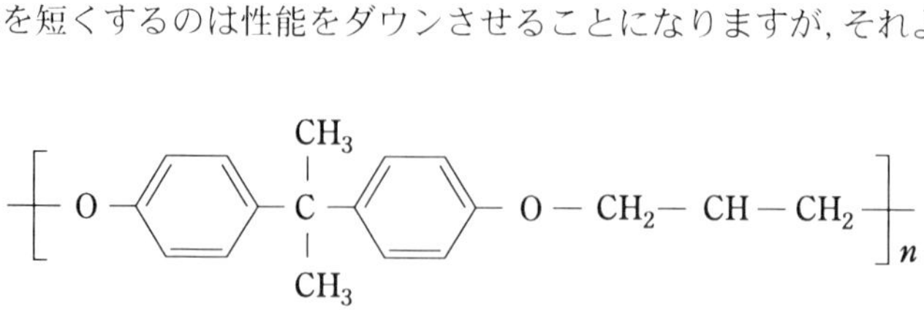

図8　代表的なエポキシ樹脂の化学式

形性を優先する場合です．従って，熱可塑性樹脂であるポリフェニレンサルファイド，ポリエーテルエーテルケトンなどのエンプラと称される樹脂が使われます．近頃では，強度面に加え熱伝導性も期待した材料設計もあり，応用範囲が広がっているようです．

宇宙の旅

　炭素は宇宙も旅しているらしいのですが，アーサー・C・クラークのSF小説『2001年宇宙の旅』に少し想いを寄せたいと思います（図9）．小説よりスタンリー・キューブリック監督の映画の方が有名です．日本での公開は1968年でもう大昔ですが，初めて見たのは，東京の京橋にあったテアトル東京の大画面でした．今は無き，シネラマです．3台のカメラから映写される巨大なスクリーンは，見たことのある人しかわからないという代物です．あまりにコストがかかるので短期間で消えていきましたが，映画技術の一つの頂点だったのでしょう．

　さて，映画ですが，シネラマの特徴を生かした映像の美しさ，音響のすごさに圧倒されました．ただ，ストーリーはさっぱりわからない状態でした．大体台詞は少ないし，説明的ではないので，字幕だけでわかりようがなかったのです．暗喩が多すぎて，内容については未だに議論があるぐらいですから，初見でわからないのも当然でしょう．もちろん，その後テレビでの放映は何度か見ましたが，14インチブラウン管では迫力にも欠けるせいか，いつも途中で寝てしまったものです．

　最近，50インチのハイビジョン録画で見直しましたが，これはすごい映画だと改めて思いました．この映画「2001年宇宙の旅」が，いまだに色あせない未来像を見せてくれていることは，ほとんどのSF映画が陳腐化していたり，「スター・ウォーズ」のような勧善懲悪の活劇ですから，立派なものです．今回改めて注目したのが，原題が「2001: a space odyssey」ということにあります．なんとオデッセイを旅と訳しているのです．あの映画のどこがオデッセイ？

キューブリック作品は，音楽使いが際だっていますが，「2001年」も見事なものです．やや耳障りなリゲティの作品も効果的です．メインテーマは，リヒャルト・シュトラウスの「ツァラツストラはかく語りき」の勇壮な冒頭部分が使用されています．この映画のおかげで一躍ポピュラー・クラシック入りとなったのです．ニーチェの「ツァラツストラはかく語りき」のイメージ音楽ですが，ツァラツストラは古代ペルシャの予言者ゾロアスターのこと．ゾロアスター教は，この世を善神と悪神の戦いの場と見なす宗教ですが，さしずめ炭素（人間）が前者，酸素（天上）が後者と言うことになりましょうか．

　この雄渾な演奏はヘルベルト・フォン・カラヤン指揮ベルリンフィルハーモニーなのですが，タイトルクレジットに名前を入れ忘れたかで，カラヤンが激怒したことでも有名です．今回のハイビジョン映像で最後に写されるクレジットを見ると確かにありませんでしたが，ヨハン・シュトラウスの「美しき青きドナウ」の方にはちゃんとカラヤンの名前が入っていました．カラヤンではありませんが，ハンガリーの鬼才ジョルジョ・リゲティのキンキン鳴り渡る音楽もあの場面では効果的です．単独で聴く気にはとてもなりませんけども．

図9　アーサー・C・クラーク著『2001年宇宙の旅』の表紙カバー（ハヤカワ文庫）

主役の1人がHAL9000と名付けられた宇宙船ディスカバリー号のコンピュータですが，映画制作に多大な援助をしたIBM社に配慮して，一文字上位のアルファベットを使ったと言われます．当時はコンピュータの人間社会への影響，あるいはコンピュータと人間の戦いがベースにあることは間違いありません．登場人物の中で，一番人間的なのがHALであるという皮肉的な描き方です．ボーマン船長の方がずっと紋切り型です．人間はコンピュータの発展で，徐々に感情を失い，言葉も変質している現在からみても，この描き方は卓見と言うべきでしょう．

　それにしても，キューブリックの映画は，どうやって作られたのかという興味を覚えました．コンピュータグラフィックの無い時代にです．特に後半の飛ぶような「何じゃこれは」的な光の洪水は，コンピュータなしで作れるものなのか，それとも当時のアメリカは進んでいたのか．少なくとも映画が公開された1968年当時，日本の大学のコンピュータは穴あき紙テープから，IBM社製のパンチカードでの入力に移行するあたりです．ともあれ，最小二乗法のソフトに1週間もかけてもよかったという「人間的な古きよき時代」を思い出させてくれました．

　宇宙船ディスカバリー号は，主な構造体は炭素繊維強化複合材料であるし，多数の有機物があるわけで，地球に未帰還のものは，みな宇宙空間で炭素原子に帰って行くと思います．これまた地中とは違った長旅に出るわけで，苦労の結果がC60として宇宙を漂うと言うことになるのでしょうか．

　クラークの小説とキューブリックの映画は，一時期，同時進行的にすすめられたようですが，途中から分かれています．小説を新訳で読み直すと，映画の筋立てと小説は全く別物と考えた方がいいぐらいの違いを感じました．ずっと説明的で，小説の最後に，「帰ってきた．めざしたまさにその場所，人びとにとって実感のある宇宙に」とあります．ボーマン船長は地球に帰ったのです．オデッセイは故郷の妻の元に戻ったのですから．

　ただ，あの音響と映像を，もう一度，シネラマで観たいものです．

8 原宿散歩
－青は藍より出でて藍よりも青し－

はじめに原宿ありき

　研究室には，留学生を含めて外国からの客人が多いですから，休日に東京案内をする機会も結構たくさんあるものです．東京を案内するときには，銀座，浅草，新宿，お台場，秋葉原が定番と決まっていましたが，最近は風向きが変わってきました．原宿が人気なのです．中国，韓国はもちろん，どの国のガイドブックにも細かな紹介があるようで，もはや東京の顔になりつつあります．古い世代にとっての原宿は，ファッションと子供たちの街というイメージで，心理的に少し遠い場所でもありました．先日，研究室を訪ねてきた北ヨーロッパのある国からの客人（大臣に随行してきた研究者）から，原宿に是非行きたいと所望されました．最新情報はないけれど，行こうじゃないですか．

　身近な高分子と言えば，なんと言っても繊維材料を最初に指折るべきものと思います．古来，染料は薬効を持つものが多く，"健康維持のため"が染色の起源とも考えられています．魔よけの意味もありましょう．さらに衣服の色は，身分・階級など社会的な象徴の役割も果たしてきました．もちろん希少価値のある染料で染色したものが高位になることはいうまでもありません．現代でも，私たちの衣類をはじめインテリアなど身の回りの繊維製品はほとんど染色加工されているわけで，ファッションの基盤となっているのです．原宿界隈を案内しながら得た街の印象を，ファッションを支える技術を交えながらご紹介致します．

竹下通り

　まず，JR原宿駅の古い駅舎（写真1）を眺めてから，表参道を行かず，坂を

8章　原宿散歩－青は藍より出でて藍よりも青し－

下りて竹下通り（写真2）から入るのが観光目的には適しているでしょう．特にヨーロッパ人には，人数と密集ぶりが一種の感動を呼び起こします．つれの北欧の客人は，ぎっしりの若人達に，まず驚いてしばし撮影タイムとなりました．筆者にとっては，想像よりもずっと地味な印象です．髪の毛が黒いこと，服が黒を基調としていること，バッグ類も黒が多いことなどに由来するのでしょうか．いわゆる原宿ファッションの子もいないではないですが，意外なほど少数派です．

竹下通りも中頃まで進むと，いろいろな店が現れて，北欧の客人は盛んに質問してくるのですが，「I don't know.」を連発したためか，質問がぐっと減って，しばしシャッター押しに専念．筆者もここ原宿では，外国人と同じですから．クレープなどの飲食店があったりはしますが，やはりお洒落の街です．果たしてどんな素材で作られているか，少女達でごった返す店（写真3）に分け入って，タグを確認する勇気はありませんでしたので，どうしても推定することになります．

上：写真1　原宿駅の古い看板
中：写真2　竹下通り
下：写真3　原宿ファッションの店

衣料用繊維の世界生産は，20世紀の100年で12倍になったそうですが，現代では生産量の40％強が綿，同じく40％強がポリエステルです．従って，残り15％前後をウール，シルク，麻，アクリル，ナイロン，レーヨンなどで分けあっていることになります．特に，合繊で

はポリエステルの一人勝ち状態で，三大合繊[注]といわれた時代は遙か昔のことのようです．

　かつては繊維王国として名を馳せた日本も，いまや全世界の5%にも満たない生産量ではないでしょうか．少なくとも中国がダントツで，ついで韓国，台湾，ベトナム，インドネシア，インド，パキスタンなどのアジア勢が続きます．また日本での消費のうち，95%超が日本企業の現地生産を含めてですが，国外生産です．わずかな国産品も大部分は高級品でしょう．特に新合繊は日本で開発され高機能性をうたって頑張っています．しかし，糸を輸入して，染色，縫製，後加工などを日本でというのも考えにくい状況です．この分野でも，多くの部分は中国頼りなっているのです．

　以上から勘案すると，竹下通りのファッションを支える繊維素材は，ポリエステルかコットンで，そのほとんどが中国か東南アジアから来ているという推論になります．日本の繊維産業はいわゆる高機能繊維に特化していると言われてきました．コストパフォーマンスを追求したものは外国での生産です．一例をあげると，流行している夏用の白いボトムスは，薄地でかつ透けないという条件が必要ですが，酸化チタンを大量に練り込んだポリエステル糸がベースで，さらに糸を細くして本数を増やすことで，散乱を大きくしたハイテク繊維です．発熱繊維と称する冬用衣料も，極細ポリエステル糸とバルキー性の高いアクリル糸，吸湿性のあるセルロース系糸などを混紡した糸を使っているようです．

　このようなハイテク繊維も，基礎技術は日本，生産は外国という図式になっているのが現実です．新しさ奇抜さを発信しているのが原宿，これらを支えているのが中国という図式になりましょうか．次々と変わるファッションを，ファストファッションといいますが，時の流れもますます速く，このままで突き進むと，日本に一体何が残ることになるのでしょうか．

注）三大合繊：ナイロン，アクリル，ポリエステルをいう．

東郷神社

　竹下通りの中程で左に折れると，少し登りになって東郷神社に出ます（写真4）．日露戦争の日本海海戦で名を残す東郷平八郎元帥を祀った神社で，このあたりには旧海軍に関係した建物などが多く，下界の喧噪とは全く無縁の

写真4　東郷神社本殿

空間となっています．木々に囲まれた池などもあって，観光案内の場面転換の場として必須のポイントです．この日も遠目に花嫁姿を観ることが出来ました．外国人には和式花嫁衣装は，ことさら珍しいようです．ただ，旧陸軍の乃木神社とともに，いまや結婚式場として名を轟かせている現状をどのように思っておられることやら．筆者もおよばれで両社に5度も伺いました．

　東郷元帥といえば，東城鉦太郎画伯が描いた戦艦三笠上での有名な絵が知られています．中央に青みを帯びた軍服姿で描かれ，首から提げている双眼鏡は独国カールツアイス製，その後ろの測距儀は英国バー・アンド・ストラウド社製，軍艦も英仏に製造を依頼していたのですから兵器の大部分は舶来に頼った時代でもありました．さて，軍服はどうでしょうか．当時，高級ウール地はイギリスの独壇場の時代でした．ボンドストリートあたりで誂えたのでしょうか．

　いつの時代も，繊維や布は，重大な軍需物資という側面があります．制服はもとより，綱，帆布，寝袋，テント，ザック，パラシュートと軍事ソフトマテリアルはたくさんあります．トレンチコートをご存じのかたも多いと思いますが，トレンチとは英語で塹壕のこと．雨と寒さを防ぐ目的で作られた丈夫な生地で，英国軍の塹壕戦のために作られたコートです．

　さて，おそらく東郷元帥の服はウールサージで，インジゴ系の青で強く染めたものと拝察します．海軍の高級将校の白い夏礼服はリネン（亜麻），兵士の作業服はコットンです．軍服は，礼装だけでも種類が多く，階級間の問題や時々に応じた規則改定で，複雑なものだったようです．色と素材で階級が区別され

たのは律令制の古代と同じです．ちなみにウールサージというのは，身近なものでは詰め襟の黒い学生服があります．縦糸と横糸を交互に織り込む平織りよりも，のびやすく織れる綾織りの生地です．

赤と黒

　軍服といえばスタンダールの名作「赤と黒」が思い浮かびます．赤が軍服，黒が僧服を象徴する色であると説明されているからです．主人公ジュリアン・ソレルがあこがれた赤い軍服は，はたしてどうやって染めたのでしょうか．スタンダールはナポレオン時代の作家ですから，まだ合成染料のない時代です．当時の真っ赤な色調はトルコ赤と呼ばれていました．綿布を茜（あかね）染めした赤色のことを指しました．むかしの染料はほとんどが植物から取ったものを用いましたが，そのまま使っても良い発色を得られませんし，特に綿では洗うと色落ちします．繊維と色素を強固に結びつけるには，媒染剤の力が必要です．媒染剤の効用は古くから知られていました．茜の根から取られた色素（アリザリン，プルプリン）をアルミニウム化合物（明礬）や灰汁などを媒染として染め上げる方法は，古代インドから西方にも伝わったものとされています．綿に限らず，強固な染色には金属イオンが不可欠です．

　ちなみにトルコは，茜とともに明礬（みょうばん）の産地として有名でした．しかも茜の色素をうまく分散させる油（ロート油）がとれたのです．12世紀から18世紀ごろまで繁栄したヴェネチア共和国は，一種の商社的機能を持った都市国家でした．その主要品目も扱い高で明礬は常に上位で，フランドルやイギリスへ売り，そこで染色した綿布，ウール地を東方に売るということなども請け負っていました．まさに色は金なりです．

　一方の黒，僧服の黒はどうやって染めたのでしょうか．日本なら，僧侶は墨染めの衣装ということになりますが，墨は顔料ですから，繊維をしっかりと染めることは出来ません．通常はタンニンを多く含む茶色系の植物染料を鉄媒染で染めた色合いを言うようです．阿仙（あせん），胡桃（くるみ），五倍子（ごばいし）など樹木の皮からとった茶色い色素を使いました．アルミではなく鉄

を媒染剤に使うところが，備前焼の黒釉に通ずるところを感じます．墨は油の煤ですから植物由来になりますが，どんどん薄めていくと茶色になることがわかります．二重結合の共役鎖が長くなって，吸収が長波長側にのびていくために，最初は黄色，次第に茶色，最後に黒になるのが特徴です．

　海軍はマリンブルーといって青く染めた制服が普通です．青は，藍（あい）の葉から，発酵などの技をつかいながら鮮やかな染料に仕上げて作られたのです．日本ではタデ藍が主流ですが，ほかにインド藍，琉球藍など産地による微妙に異なる味わいも天然ならではのものです．藍の主成分がインジゴと名づけられた化学物質であることを突き止めたのが，ドイツの化学者バイヤーです．1880年のことですが，それからいろいろな染料が開発され，染料・染色工業が大発展したのです．ヨーロッパの化学会社で，染料開発にルーツを持つ大企業はたくさんあります．

　「青は藍より出でて藍よりも青し」は荀子の有名な格言で，弟子が先生よりもすぐれることとされていますが，何となくしっくり来ない格言として引っかかっていました．本質を抽出することの重要性，そしてどうやら媒染剤などの世間の荒波に揉まれてこそ価値が出ると解釈したほうがいいのではないでしょうか．いずれにしても2000年以上前に予言していたということです．バイヤーは，1905年ノーベル化学賞を受賞しています．

　蛇足ながら，ほかの染料をまとめておきます．紫は，紫根（主成分；シコニン）と貝紫（主成分；ジブロモインジゴ），黄色は刈安（かりやす），黄檗（きはだ，主成分；ベルベリン），鬱金（うこん，主成分；クルクミン）．いずれも明礬や木灰などの媒染剤を必要とすることは言うまでもありません．緑に染める染料がなかったので，青と黄色の混合ということです．植物の葉はクロロフィルによる緑なのですが，すぐに酸化して茶色くなってしまうようです．茜以外の赤い染料には，蘇芳（すおう，主成分ブラジリン），紅花（べにばな，主成分カルタミン），カイガラムシ（コチニール）などがありますが，色調はそれぞれ違います．たとえば，八丈島特産「黄八丈」という黄色の絹織物は，生糸を刈安などで染めた後に縞や格子柄を織り出したものです．

キャットストリート

　原宿駅はやや高台にありますから,竹下通りも表参道も最初は下り坂になります．谷底にあたる部分は渋谷川が流れています．正確には流れていました．明治通りにそって渋谷方面が下流です．源流は新宿御苑の池などです．渋谷駅の真下を通り，宇田川と合流し，六本木・広尾あたりの池からの支流も集めて，白金と麻布の境界をなし，浜松町あたりで海に入る，至って都会的な川です．原宿あたりでは，今や暗渠となり，キャットストリートと命名されたファッション街に変貌しています．

　川と言えば昔は洗濯です．その大規模な産業利用が友禅染めですが,これは一種のプリント染色である「なせん」と呼ばれる方法の一工程で，余分な染料とか糊を清流で洗いざらしたのです．美しい発色で知られていますが,非常に手間のかかる高級品となります．友禅にかぎらず，浴衣や手拭い地の染色でも大量の水を使っているのです．昔は石鹸もなく,洗濯は頻度が低い作業でしたが,現代は人類史上もっとも衣料の洗濯がなされている時代と言っても過言ではありません．少し前の世代では2,3回着たあとで洗うという感覚が残っていますが，若い世代では1度着たものは必ず洗う人が増えたのです．洗濯乾燥機の普及はもちろん,衛生観念が変わったせいと思われますが,洗濯をしても色が落ちにくい丈夫な染料・染色法が開発された成果でもあり,こういった分野でもまだまだ発展中ということを再認識させられます．機械的に丈夫なポリエステル繊維の普及と無縁ではないでしょう．ポリエステルは,絹などと違って染めにくい合繊でしたが,高温高圧状態で，いわば強引に染料を繊維内部に押し込む染色法が開発されて，一気に用途が拡大した感があります．簡単にいうと圧力鍋で,味を染みこませるようなものです．とはいえポリエステルも色落ちがありますのでご用心．

　原宿も明治通りを越すと，客層も変わります．店の様子も変わります．ファッション小物を扱う店,毛糸を扱う店,帽子を扱う店(写真5)，ウイッグの店(写真6)などがあり，いかにもおしゃれなディスプレイが目立ちます．い

わゆるカツラ（ウイッグ）はアクリル繊維と場合によって塩化ビニル繊維．帽子はそれこそいろいろな素材．ぬいぐるみも原宿の重要なアイテムですが，今やポリエステル化が進行中．合繊の代名詞であったナイロンは，コートの外地，バック，ストッキングなどでは残っていますが，服地ではやや苦戦．

キャットストリートには外国人や年配の観光客なども増えて，曲がりくねった狭い脇道と坂が多く，なにやらテーマパークに迷い込んだ風情があります．それこそ合繊，天然繊維が百花繚乱の一隅でもあります．

表参道

なんと言っても原宿の表の顔は表参道です（写真7）．12月には90万個のイルミネーションをケヤキ並木に取り付けて，たくさんの見物客を招じております．両側は，有名ブランドのブティックが軒を連ねます．高級ファッションとは，デザインはもとより，素材にこだわりがあります．ここではポリエステルは影を潜めます．鮮やかな色こそ，

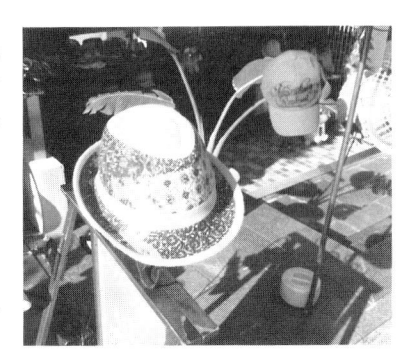

上：写真5　キャットストリートの帽子屋
中：写真6　はやりのウイッグの店
下：写真7　表参道のケヤキ並木

ファッションの中心であり，あこがれであり，ステータスであることは，今も変わらないようです．ここでは天然繊維が多用されます．絹，コットン，ウールの順で鮮やかな発色を示しますし，風合いも重要なポイントです．

高級服が出来るまでの手順を考えます．まず繊維素があります．高級品では，ウールでもコットンでも毛足の長いもので揃えることです．海島綿とか，タスマニアウールとかカシミヤやぎとか，産地や出自が問われます．ついで繊維素を集めて撚り（より）をかけて紡績糸をつくります．繊維素を長くすると，当然丈夫になり，薄くてしなやかな布も作れます．

生地は，糸の太さ，撚りのかけ方，縦と横糸の選択，織り柄，染色（プリントか先染めか）など工夫が凝らされることになります．織り方には，平織り，綾織り，繻子織り（しゅすおり）の3つの基本織りを中心に多数あり，繊維の種類や太さ，よりの多少などで様々な種類の生地が作られます．これを説明し出すときりがないというより筆者の知識ではとても手に余るほどの種類があるのです．少しユニークな例を2つあげておくにとどめます．

まず，撚りです．撚りには，S撚りとZ撚りという2つの異方体があります．左右2つのより方があるのですが，タオルをしぼるときに，右手を上にするか，下にするかで違ってくることにお気づきでしょうか．強くかけたものを強撚糸といいますが，当然元に戻ろうとする作用が働きます．織物にするとき，縦糸に張力をかけておき，横糸に2つの方向の違う強撚糸を交互または2本ずつ交互に織った生地は，少し縮んで波打ったような表面となります．いわゆる「ちぢみ」と呼ばれるものです．絹でこれを行ったものが，「ちりめん」と総称された生地です．友禅染や小紋染など高級和服地になります．綿でも，下着などに使われるクレープや夏生地のサッカーなど同様な手法でつくられます．肌にぴったりつかず，綿でも麻に匹敵する涼しさを求めて発達した技術です．

次に，綿のジーンズです．綿花で繊維素の短いものは，太い糸にしかなりません．セーターを編む毛糸が羊毛の短いもので作るのと同様です．太い糸にもできないのは，綿（わた）にするほかありません．さて，ジーンズはこうした太い糸をインジゴで染めた青糸をたて糸に用い，よこ糸に染めていない白糸を使った綾織り（斜文織）の生地です．平織りより交錯点が少なく，表面にインジゴ染めの糸が多く使われ，反対に裏には白い横糸が多く出るようになっています．丈夫さと蛇が寄ってこないという理由で，開拓時代のアメリカの作業着として発達したのですが，いまや高級ファッション街でもジーンズは売られて

います．どうやらここでは長い繊維素の高級糸を使っているらしく，しなやかで光沢もあります．もちろん丈夫さも段違いですが，値段も段違いなのはしょうがない．

　筆者一行が，ひやかしである高級ブティックに入って見ましたが，せいぜいのところハンカチーフなどの小物を見るぐらいでした．ハンカチーフは，いまだ天然素材の牙城で，しかもトルファン綿などの非常に細い糸を使った高級な素材が投入されています．ファッション性の高いブランドハンカチは，どうも綿が多そうでした．おそるおそる手にした少し大ぶりのプリントハンカチもコットンとタグがついていました．120番手という極薄い生地でおよそ40 cm四方，重さにて約30 g，これで5,000円．スーパーの食品表示的に言えば，100 g当たり15,000円．付加価値率の高い有機材料にノミネートされるでしょう．ケースのなかには絹製もありましたが，これはどう見ても装飾用か求愛用です．値札は見えませんでした．残念．

　「麻は使わないのですか」と筆者．「実用的ハンカチやテーブルクロスは，洗濯がくりかえされるので，リネン（亜麻）が用いられます．」が店員の答え．「やはり高級な麻というのはあるのですか」「もちろん服にもリネンは使いますよ．綿とおなじで繊維の長くてしなやかなものを使った糸が高級です．おもにリトアニアとかポーランド産が高級品に使われます．」案内した北欧の客人は，自国産が褒められて，大きくうなずいて顔をほころばせました．

　ちなみにハンカチは，ただの四角い布の様に見えますが，上下裏表があります．引っ張って伸びにくい方が縦糸方向です．織る時に張力をかけるためです．これが天地となります．生地は，平織りですが横糸方向は少し緩いのです．ハンカチの技術は，洗濯をしてもほとんど収縮が少なく，たたんでもちゃんと四角になるような高度なものです．織物や織機も奥が深い技術です．名古屋駅近くに産業技術記念館があり，豊田佐吉以来の歴代の織機が動く状態で展示されています．織機は恐るべき精巧さを持った機械であることを実感することができます．コンピュータ以前の機械の方が，精密なのは当然でもあり，また皮肉でもあります．布は，我々と肌をすりあわせる身近な高分子そのものなのです．しかも用途に応じて織り方を変え，見かけの弾性率をコントロールし

ているのです.

　表参道は，青山通りとの交差点から始まると思います．大きな石灯籠が両側に建っているからです．この右向かいにアグネ技術センターがあります．この当たりは青山に属しますが，通りを渡ってもまだ続きですから原宿に含めるとして，両側にたくさんのブランドショップ(写真8)が立ち並ぶのでブランド通りと呼ばれています．周辺の路地にも小さなブティックがたくさんあり，有名菓子店やレストランなどと相まって，竹下通りとは全く違う空間を形成しています．着物の端切れを売っている露店もありました(写真9)．もとは和服の帯などでしょうか，複雑で精巧な織物が売られています．外国人がたくさん品定めしていました．インテリアに活路を見いだしているように思えました．

　そんな中に小学校(港区立青南小学校)の校庭が現れます．話題が日本の教育制度になれば，何とか会話も弾むと言うものです．突き当たりに根津美術館があります．右に行くと骨董通りという古美術のメッカ，左に行くと乃木神社の乃木坂

上：写真8　有名ブランドの店
中：写真9　和服の端切れを求める人々
下：写真10　ビル壁のポスター張り替え作業

へ出ます．原宿界隈は，地形が複雑で，凹凸のはげしいところです．うっかりどこかに迷い込むと元に戻らないということにもなります．その上，開発が早く，目標とする建物もすっかり変わってしまいます．写真10のように，ビル壁に巨大なポスター(多分ポリエステル製の合成紙)を貼るなど日々変化する

のがファッションであり，また原宿なのです．

根津美術館

　根津美術館は，竹をモチーフにした少し長めの，トンネル風のエントランスを抜けると入口になります（写真11，写真12）．東洋美術では都内有数の美術館です．美術に興味がある外国人を案内するには格好なところと思います．

　西洋絵画は，金属酸化物を中心とした顔料をテレピン油で溶いた絵具を麻のキャンバスに塗る方法で描きます．テレピン油の分子構造中にある二重結合が開裂して，酸素などを取り込んで分子間の結合を促し，高分子化するために，時間とともにテレピン油に溶けなくなり固着されます．東洋の印材も，硫化水銀を絹の粉などとひまし油で練った朱が，やはり経時変化で高分子化して落ちなくなるのと似ています．

　一方，日本画ですが，膠（にかわ）水で溶いた岩絵具を，絹布または和紙に描く手法です．ただし，直接描いたのでは，確実に滲みますから，ひと工夫が必要です．「どうさ」と呼ばれるものを使います．明礬を溶かした水を温めさらに「にかわ」を溶かし込んだものが「どうさ」です．一般的な明礬は，硫酸アルミニウム・カリウムの結晶で，染色媒染剤として出てきたものと同じです．この「どうさ」が，絹地や和紙の隙間に沈着し絵具の滲みを防ぎます．おそらく固着と発色にも関係していたのではないでしょうか．膠は動物（日本ではおもに鹿）の皮，腱などから煮出して採っていたようです．魚が原料のものもあり

上：写真11　根津美術館の道標
下：写真12　根津美術館の竹のトンネル

ます．いわゆる煮こごりの成分です．合成接着材が開発される前まで，接着剤と言えば，ご飯か，卵の白身か，膠しかなかったのです．アラビアゴムも比較的新しいものです．

　美術館の庭を下ると，池（わき水）がありますが，ここの水は小さな谷を作り，広尾の方を廻って渋谷川に合流します．青山・麻布・白金周辺は大名屋敷がたくさんあったところで，日本庭園に欠かせない湧き水のある場所が屋敷に選ばれました．現在都内にある庭園は，ほとんどが高いところに入り口があって，一番下に池がある形態です．大名屋敷の跡地である証拠でもあります．

太田記念美術館

　原宿にはもう一つ有名な美術館があります．表参道と竹下通りのちょうど中間あたりの，少し高くなった位置にある太田記念美術館です（写真13）．小さな美術館ですが，江戸浮世絵のコレクションでは屈指の美術館です．しばしば特別展が催されて，いろいろな作品を鑑賞することができます．最近訪れた時にも，海外で保存されていた作品が展示されていました．浮世絵は植物系の染料が用いられ，退色や保存性に注意が払われていませんでしたので，大半が色あせて，当時の作家の意図が残っていないと考えるべきものです．たまに，ボストン美術館などで，明治期に購入したものが未開封で保存されていたのが発

写真13　太田記念美術館のポスター　　写真14　オリエンタルバザーは健在です

見されたりすると,鮮やかな色調の歌麿,北斎,広重などが現れて話題になることがあります.

　浮世絵は和紙に刷られた版画です.そのまま印刷するとやはりにじみますから,日本画と同様に「どうさ」を塗りました.太田記念美術館での今回の発見は,喜多川歌麿の作品に,版画を作る過程が描かれた版画があったことです.その一番左に「どうさ」を塗る美女の絵があるではありませんか.たしかに大きめの刷毛で塗っている姿です.実際の作業は違う人でしょうが,版木を彫る美女,版下を点検する美女などが描かれており,貴重な1枚ということができます.江戸版画は,日本独特の文化で,フランス印象派に影響を与えたことでも知られますが,まずは自分の目で見ておいてから,外国人を案内するのが肝要です.説明は結構大変です.

　ここの地下には,和風小物の売店があり,土産を求めるにはここも幸便な場所でしょう.日本土産といえば,表参道に面し,ちょうど表参道ヒルズの向かいに,赤い建物が目を引くオリエンタルバザーが健在でした(写真14).この日も外国人客で賑わっていました.家具や,陶磁器などもたくさんありますが,ファブリックののれん,手ぬぐい,着物など多数あり,手頃な値段のものも揃っています.ただし,ここでも日本情緒の品であっても中国製が多いのは,世の流れというものです.再び「舶来」が幅を利かす時代なのでしょうか.

明治神宮

　さて,美術館から表参道に戻り,山手線を越えると明治神宮です(写真15).原宿の神社は,明治神宮も,東郷神社も新しい神社です.そのためか,境内にも若者が多く,街全体も若くて,ヨーロッパの古い町とは全く様相が違います.その当たりも外国人に不思議がられる所であり,興味を持つことにもつながりましょう.右手の大鳥居をくぐって参道を行くと,本殿に行き着きますが,途中で能舞台などもあり,運が良ければ薪能などという古典に巡り会うことも可能です.

　今回はここまで歩いてきて,結構な距離と時間がかかりました.鳥居を拝ん

で，その先は次回にとっておこうと言うことで参加者の意見が一致．原宿散歩もお開きとしました．北欧の客人は，十分に満足がいった様子．まさしくワンダーランドを彷徨ったかのように思えたのでしょう．「明日は，大臣を連れてくる！」と力強く宣言されてお帰りになりました．

原宿は駅の周辺は昔は穏田と呼ばれた地域で，いまは商店街の名前にかすかな記憶を残します（写真16）．古い商店街，穏田商店街も，煙を上げる焼き鳥などは姿を消しましたが，まだまだ下町風の店もあり，腹ごしらえに立ち寄るのも一興かも知れません．次回はここもルートに組みこみたいと思いました．

上：写真15 明治神宮の大鳥居
下：写真16 穏田商店街

まとめは「アリス イン ワンダーランド」

欧米人が原宿をさまよえば，さながらワンダーランドに来たと思うようです．ワンダーランドといえば，ルイス・キャロル作「不思議の国のアリス」を思い起こします．児童書として紹介され，子供時代に読む代表的な翻訳物語ですが，筆者にとっては，当時は何ともわけのわからない代物で，ウサギの出てくる童話として記憶しているだけでした．ワンダーランドというのは，よくわからない世界という風に理解していたほどです．

写真17 『不思議の国のアリスを英語で読む』（ちくま学芸文庫）の表紙カバー

実際は，駄洒落，言い換え，暗喩，皮肉，批判，なぞなぞなどがふんだんに盛り込まれた，大人の読者にも十分に楽しめる内容です．欧米人の間では，広く流布していて，映画にもなっています．ただし，英語力ばかりでなく，当時の時代背景も理解していないと，内容はつかめないと思います．日本語訳はもちろん原文で読んでも我々には理解がおぼつかない．やはり専門家の助けが必要です．ここで紹介するのは，別宮貞徳という翻訳家の解説書です．これを読むと，幾つかの謎が解けたような感じがします．「不思議の国アリス」は，パロディも無数にあり，また多数引用される代表的作品でもあります．皆が内容を連想できるからでしょう．我々理科系人間も，英語で読み下して，会話に取り入れるとおしゃれかも知れません．欧米ファッションのおしゃれも良いけれど，会話のおしゃれもこれからの国際化時代には重要でしょう．

　原宿はひとときも休まない街のように見えます．あちこちで古い建物が解体され(写真18)，新しいビルが生まれています．文化財の保存など何のその，店も次々と交代して，50年前はおろか1年前ともがらりと違う様な気がします．この変化の早さが原宿で，この混沌が人々を活性化するのかも知れません．今回散歩して，発展中の落ち着かない状況と，神社の変わらぬたたずまいが混在する不思議な世界をさまよった気がします．少し頭が固くなったなと思っている方がおられたら，ぜひワンダーランド原宿散歩をお勧めします．

写真18 ビルの取り壊し現場

⑨ 電子を支える高分子
－備えあれば憂いなし－

高分子に期待される性質

　高分子材料は，電子材料や新型電池などのハイテク分野でも，重要な役割を担っています．高分子の発達は主に第二次世界大戦中に，絶縁材料やガラスに替わる軽量透明材料として発展しましたが，高分子に期待されてきた性質は，次のようにまとめることができます．

① 優れた耐薬品性・耐水性
② 高い電気絶縁性
③ 低熱伝導性（断熱性）
④ 透明性（または半透明性）
⑤ フレキシブルで強靭な力学的性質
⑥ 優れた加工性
⑦ 軽量
⑧ 安全性
⑨ 低コスト

　もちろん例外もあるわけですが，現在も金属や無機材料に対する新参として，上記の性質は外せないところです．これらの性質を発現させるには，分子量の大きな有機物で，高次構造的には非晶性であることが基本的です．本書でも，いままでも分子の配向と結晶化が実用上重要と言ってきましたが，あくまで大きなくくりでは非晶物質の範囲内での話で，高分子は液体に近いランダムな構造で，それ故に均質な安定した成形を可能としていますし，繊維やフィルム製造のような連続的な生産が可能となっているわけです．高分子も単結晶に近い材料を入念な処理で作ることはできるのですが，劈開といいますか，非常にもろいものになり，現在でも研究用途にすぎません．

汎用高分子材料は共有結合が主体なので，本質的に伝導キャリアがなく，電気的には，絶縁体に属します．また一部の例外を除き，可視域に吸収はありません．対応するエネルギー帯に電子がないためです．熱的には断熱材料ですが，フォノン振動がキャリアとなり，電気絶縁ほどの熱絶縁性はありません．構成元素は，炭素と水素と酸素が主体ですから，当然軽量です．また1次元的な物質であれば，柔らかであらゆる形状に加工できる割には強さがあります．そして，原料が安価で，加工温度も低く，省エネルギーであり，低コストです．

ここでは天然材料の代替としての高分子ではなく，電気・電子部材の発展と軌を一にしてきた電気的機能面から見ていきたいと思います．電子材料分野はとにかく競争が激しく，製品サイクルの短い分野でもありますし，一つ間違うと事故に繋がるシビアも要求される分野でもあります．

誘電と導電

高分子に期待される重要なことに絶縁性能があります．古くは，通信やレーダー用の高周波数帯での高性能絶縁体としてポリエチレンが開発され，現在ではコンデンサーや積層基板用の超薄膜・絶縁膜が代表ですが，回路設計技術をサポートするキーテクノジーとなっています．

さて，絶縁フィルム両面に直流高電界をかけると，一体何が起こるのでしょうか．もちろん，試料と温度に依存しますが，一般的に模式図的に図1に示した電流プロフィールとなります．スイッチ・オンの瞬間的に流れる分極電流には，少し時間依存性のある吸収電流と長時間後にも一定の電流が残るもれ電流があります．絶縁材料とはいえ，物質中には大量の電子があるのですが，原子核にクーロン力で強く束縛されて簡単にはとび去ることはできません．ただし，電圧がかかるとその大きさに応じて若干変位することはできます．この性質を誘電性といいます．これは電気を貯めることに相当していて，コンデンサーとして用いられますが，いわゆる蓄電池として使える程の容量はありません．誘電的なものは，電圧をオフにした瞬間から反対向きに電流が観測されほぼ可逆性があります．一方，もれ電流は，長時間後にはっきりしてきますが，

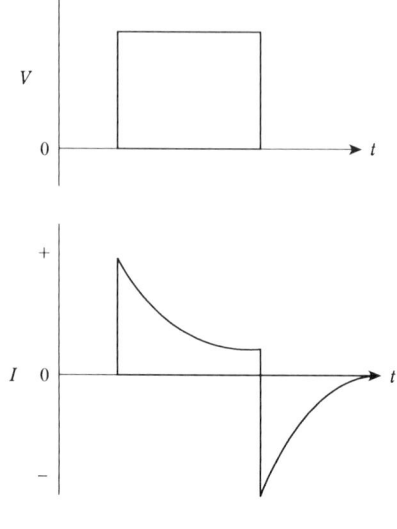

図1　高分子の分極

試料中を流れるわずかな伝導電流です．この起源については，長い論争がありましたが，不純物イオンが主な原因と考えてよさそうです．抵抗に換算すると，高分子材料では1Vの電圧でピコアンペアレベルの電流なので，10^{12}オーム程度ということになります．

実際に絶縁物の抵抗を測定するとなると，簡単ではありません．テスター的な簡易装置では難しいからです．材料の特性である物性値の測定に必要なのは，電圧ではなく電界強度あたりの電流密度（単位断面積当たりの電流）です．電界強度とは，電圧を測定試料の厚さで割ったものです．実験室で直流電圧を扱って，せいぜい1000Vぐらいです．筆者の実験では90Vの電池を11個直列につないだりしましたが，今時の学生にそんな怖いことはさせられません．安全装置つきの電源を使います．

高分子材料では，電界に換算して500kV/cmがかけられれば器用な方です．印加できる電圧限界を1000Vとすると，厚さ50μmの薄膜で達成できます．実験室では，均一な50μmのフィルムを1cm^{2}作るのが難しいのです．試料のフィルムに気泡とかゴミとかがあると，直ぐに放電して安全装置が作動します．表

面の凹凸,吸着水分なども問題です.とがったものがあるとコロナ放電が起こりますし,半端に真空にするとグロー放電が起こって,試料に真の電圧がかからず誤認の原因にもなります.せめて1000kV/cmは欲しいのですが,電極のエッジを丸くするとか,表面を洗浄するとか細心の注意とノウハウも欠かせないのです.

交流電界が与えられますと,図1の初期の電流が正負交番で追随できますので,物質の誘電率が測定できることになります.周波数を変えた実験をするのですが,これも絶縁体相手では結構難しくて,特に表面を流れていく電流が大きく,誘電率測定が湿度測定に変身しかねないのです.

極性と分極

高分子は,誘電的性質から2つに分かれます.有極性高分子と無極性高分子です.前者は,分子内に,永久双極子を持つ物質で高い誘電率になりますが,ナイロン,ポリエステル,アクリル樹脂などで,後者は,ポリエチレン,ポリプロピレンなど炭素と水素だけか,主鎖に対して対称である樹脂です.ただし,分子構造の対称性から予想される極性よりも,分子の配列などの高次構造が反映されて微妙に変化しますので,有極性か無極性かを分類するのも難しいところがあります.

高い信頼の置ける絶縁用途のポリマーは,もれ電流がなく,かつ誘電率が小さいこと,つまり外部電界に影響されない材料が望まれます.最強はテトラフロロエチレン(テフロン,図2)でしょうか.耐圧のあるコネクターの絶縁材に使われています.ただし,テフロンは加工性に劣ります.何せ温度で溶けない,溶媒に溶けないですから,機械加工しかないのです.どうしても量産性と

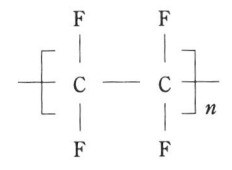

図2　ポリテトラフロロエチレン

コストの問題になります.量産といえばおそらくポリエチレンでしょう.高周波用同軸ケーブルの絶縁に使われます.家庭内ではテレビのアンテナコードなどです.

日本の電力各社は互いに電気を融通するのですが,東北電力と北海道電力の間には津軽海峡があり,海底ケーブルで長距離送電する必要があります.両社は50Hzで同じなので問題なさそうです.この海底ケーブルもポリエチレンの被覆ですが,交流送電では絶縁材の誘電性によるロスが多すぎるのです.そのため,一旦整流して直流送電してからまた交流に戻しています.ポリエチレンとはいえ,直流印加で生じる分極は相当量になり,反対の脱分極電流は相当なものになりそうですから,スイッチをどうやって切るのでしょうか.

ポリエチレンは万能絶縁体のようですが,少しばかり堅いのと熱に弱いので,通常の家庭用電力配線は,ほとんどポリ塩化ビニルが使われます.柔らかくて,耐候性が高いからです.耐熱性や難燃性も高いのですが,ショートなどで家庭用のコードに何十アンペアも電流が流れると,さすがに発火します.20 cmぐらいの火柱を上げて,炎が走って行くのを目撃したことがあります.どうも電気抵抗の大きなプラグの接続部から発火して,線を伝わったようです.

もちろん特殊用途ではいろいろなポリマーが使われます.昔は入門用の線材はエナメル線ときまっていましたが,いまはほとんどがポリウレタン被覆線に取って換わられています.身近な材料もまた,密かに交代して,より安全でコストの低いものへ変わっています.

誘電率を上げたいという用途もあります.その一つはコンデンサーです.コンデンサー容量は,薄膜の誘電率と面積・厚さの両面で制御できますので,丈夫な薄膜が作れるポリエステルフィルムが主流です.反対に誘電率を下げたいという用途には,コンピュータ内の配線用の高分子がありますが,先のテフロンは加工性で,ポリエチレンは耐熱性で不適となると,丈夫で耐熱性があることという制限下では,ポリイミドフィルムになります.しかし,誘電率の高さがやや問題となり,薄膜多層系基板では高周波帯での誘電損失が問題となります.この解決を目指して,低誘電率材料(low k材という)の開発競争がおこり

ましたら，薄膜成形能力，絶縁性能からシリコン系高分子に移行しました．

エレクトレット

　絶縁材料に高電界をかけて分極するなかで，永久双極子は瞬間ではなくゆっくりと分極します．分子運動が関係するからです．物質は自由に熱処理すると安定な等方的な高次構造をとりますが，高分子の特徴である成形性を生かし，フィルムを強く引っ張りますと，分子を一方向へ配列させることができます．ポリフッ化ビニリデン（図3）を例にとります．テフロンから炭素原子1個おきに水素に置き換えただけのものですが，ガラス転移温度付近すなわち分子運動を少し盛んな状態にして，高電界を印加し，そのまま電界を保って急冷すると，C-F双極子が一方向に並んだ状態を凍結できます．これをエレクトレットと呼びます．表裏にプラスマイナスが現れるもので，マグネットに対する造語です．この分極はガラス転移温度以上にしない限り消えません．薄いフィルムをエレクトレット化すると，弱い外部電場でもそのクーロン力に応じて，振動させることができます．スピーカーです．あるいは振動が与えられると，外部に誘導電場が発生して，発電されます．すなわち力学仕事を電気に換えるマイクロホンができるわけです．エレクトレットの最初の応用は，ピンタイプの高感度マイクロホンでした．いまやフッ素系高分子は，ポリマーエレクトレット製のマイクロホン，スピーカーとして，携帯電話，イヤホンなどの音の出し入れパーツとして不可欠な材料となっています．

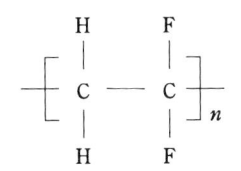

$$\left[\begin{array}{cc} H & F \\ | & | \\ C & - C \\ | & | \\ H & F \end{array} \right]_n$$

図3　ポリフッ化ビニリデン

絶縁破壊

　家庭では,漏電による火災は恐ろしいものです.ほとんどが古くなった絶縁材料の絶縁力が低下することで生じます.先に申し上げたとおり,プラスチックは基本が絶縁性ですが,酸素をたくさん含む材料は水との親和力があって,イオンを生じさせ,電気がほんのわずか流れるようになります.したがって絶縁材にはポリエチレンや塩ビが使われますが,それでも長い間に空気と湿気で劣化して,酸素を含む水酸基,カルボニル基,カルボキシル基などが生じてきます.これが水を呼び,不純物が溶けてイオン化するのです.通電すると電流が生じ,熱くなります.すると,水酸化反応はずっと早まり,最後は炭化して導通となります.ここで発火に至ります.

　絶縁材料が突然導通になることを絶縁破壊といいます.面同士の絶縁を担っていると,ピンホール1点で両面が導通になり機能停止とか事故になります.もっとも危険な現象ですが,破壊現象ですから,予想し難いよくわからない現象でもあります.絶縁破壊が起こった高分子をみると,あたかも雷が落ちたような樹木状の導通箇所が見えることがあります.何らかの理由で電気が流れると,ジュール発熱が起こり,温度が急上昇し炭化して抵抗が下がり,さらに電気が流れるという一種の雪崩現象です.きっかけは,吸湿によるイオン性不純物の発生や表面の傷などでの放電が考えられます.電荷がたまって部分的な高電界が生じていることもありそうです.

　高集積回路用の絶縁接着剤などには,放熱性能の向上が求められてきました.もともと熱の不良導体でもありますからこれは難題です.熱伝導性のフィラーを混入させると界面や不純物がふえて絶縁破壊の危険性が増しますし,より薄くすると電界強度が増大して,これまた絶縁破壊の確率が上がります.特定の機能を向上させようとすると,他の特徴が消えるなどの反作用もあり,考えようによっては,高分子材料設計者の腕の見せ所となっています.絶縁破壊は,先ほどの発火とともに,高分子材料を用いる時に常に留意しなければならないところです.

　導電性高分子も白川英樹先生のポリアセチレンフィルム以来,大いに注目さ

れて電池などで実用化もされています．しかし，高分子材料は絶縁性の高さとタフさが売りですから，より高性能な材料の安定的な供給が電子工業全体になにより貢献すると思います．

湿気・水

　吸着成分は電気的にはトラブルの危険性をはらむことを忘れるわけにはいきません．高分子は，水素や酸素を含むので，水分子との親和性は，無機材料や金属材料よりはるかに高いものです．電気的な観点では，湿気があると，主に不純物がイオン化してキャリアとして働くようになります．乾燥する冬場などは，静電気が起こりやすくなることと対応します．たとえば有極性高分子であるポリイミドも吸水性があり，基板への応用が開発された初期では，実装ポリイミド基板をはんだリフロー炉へ通すと，吸着水分が蒸発して発泡する現象が多発したぐらいです．またナイロンなどは10％もの水を吸いますから，研究ではまず乾燥機で充分に乾燥させることから始めます．乾燥は100℃でというのは，沸点を意識したもので，水分の大部分は飛びます．ただ水とポリマーの絆は強く，束縛水と呼ばれる高分子と直接水素結合した水分子は，沸点を超えるほど強いもので，場合によっては炭化まで外れないことすらあります．

　筆者はそのむかし，絶縁体の導電率を測定していたことがあります．電池電源の時代です．米国製のピコアンメーターを購入して快調に測定していたのですが，梅雨時になると，どうも調子がよくありません．修理を依頼しても，何でもないという返事．おかしいねと言いながら何度か往復したのですが，原因は我が研究室の湿度でした．メーカーの測定室は温調がしっかりしていたのです．我が研究室では，初段高抵抗の表面の塗料が，吸湿でほんのわずかなもれ電流を生じたためです．かの国では湿度など問題にならないのでしょう．ケース内にシリカゲルを大量に入れて除湿をしたことも懐かしい思い出です．

　逆の発想で，水をたっぷり含ませてイオン伝導を積極的に使ったのが高分子型燃料電池用膜です．正極と負極の間に，イオン伝導でプロトン（H^+）のみを通す膜を使うのです．ナフィオン（図4）を典型としたイオン交換膜です．主鎖

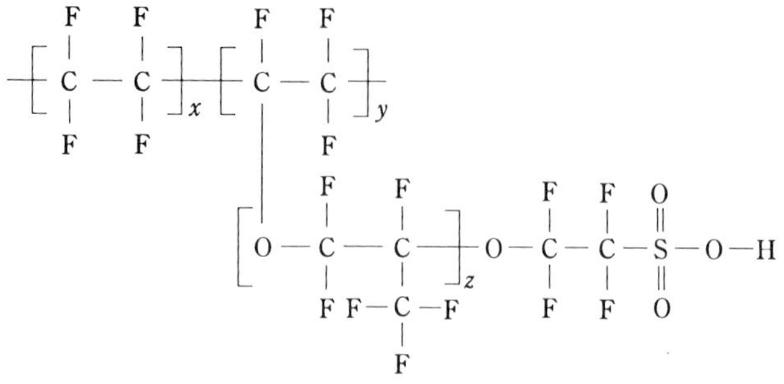

図4 ナフィオン

は撥水性のフッ素樹脂,側鎖に水素イオンなどの正イオンを引きつける官能基をつけた構造を持ちます.水を十分に含んだ状態で右端の水素原子が外れて,プロトンとなり,膜中を流れて,反対面で酸素と結合するのです.この電解膜は,燃料電池の将来を担う重要な材料の一つです.

静電気

静電気とは,ドアノブを触るとバチッとくるあの静電気です.筆者も冬場のドアを恐れている1人ですが,高分子の宿命とあきらめることにしています.静電気の放電は,きわめてやっかいで,多数の災害を引き起こしたりします.小型タンカーからパイプでガソリンを移動させるときなどで爆発事故を引き起こすこともしばしば起こりました.タンクローリー車が地面にアースをこすりながら走っていることを思いだしてください.静電気は高分子特有の現象ではありません.どうして発生するかというと,2つのものを接触してこすると発生することは古代から知られていますが,天然物よりはるかに絶縁体である高分子で発生しやすいし,なかなか抜けていかないのです.

これも経験上の話ですが,超純水を研究しているとき,不純物が溶け出さないフッ素系樹脂(PFA)を使いますが,このパイプ中を純水が流れるとき,どこかで静電気が発生して,妙なところで時々放電して機器を狂わす事態に遭遇しました.純水とはいえただの水ですよ.水素イオンと水酸基イオンが一定量

発生しているのでは？

　静電気は細かな塵を引きつけます.テレビの表面のガラスに黒いほこりがついたり,後ろの壁が黒くなったりする経験をお持ちのことと思います.電界に

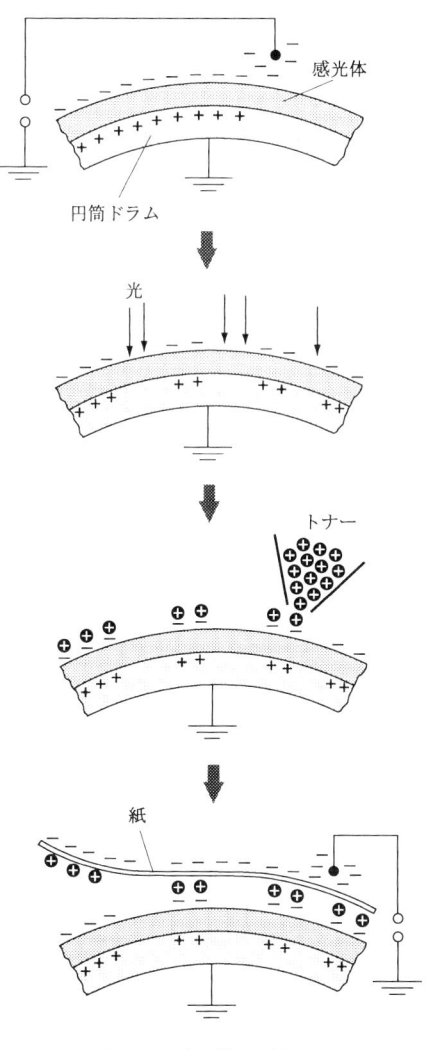

図5　コピー機の原理

よる静電気のせいです.最新のフラットディスプレイなどは,帯電防止処理が施されているようですが,結構秘密らしく製品の実際の処理まではわかりません.静電気を防止するには吸水性があれば良いわけで,「適切な重合を施して表面改質すれば簡単です」と学者側はいいます.大抵は「そこまでコストがかけられないです.」というのが企業側の本音.

　静電気をうまく利用したのが,コピー機やプリンターです.光伝導性材料にコロナ放電で全面に電荷を乗せておき,コピー対象を通過させた紫外線をあて,光の来ない文字の部分だけ静電気を残し,あとの部分は光伝導性を利用して静電気を除去するのです(潜像の作製).ついで,カーボンブラックを高分子でバインドした粉を吹きかけ乗せて,潜像に乗せてから紙に転写し,さらに熱融着させて固定する方法です(図5).応用範囲の広さを考えると,20世紀の大発明に数えてもいいでしょう.なんでも発明者は不遇で,権利を買い取ったゼロックス社が大企業に発展したとか.

接着剤と両面テープ

　ハイテク電子製品,パソコン,フラットディスプレイ,携帯などは,たくさんのパーツの集合体です.これらの取り付けにはいろいろな接着剤が使われます.目立ちませんが,グリースも含めて,極めて重要な高分子材料の一群です.熱伝導性を向上させたもの,絶縁性の高いもの,耐熱性に優れたもの,反対に導電性のあるもの,瞬間的につくもの,時間をかけてもいいから寸法安定性を優先させるもの,仮止め用に剥がれやすいもの,多種多様なものがあります.

　液晶ディスプレイの模式図が図6ですが,基本的に平板を貼り合わせたものです.表面のガラスから,薄い機能性膜が何枚もあり,中程に液晶パネルがあって後ろに発光体があります.発光体の種類,蛍光管,プラズマ発光,LED,有機ELなどで若干異なりますが,高分子は光を一方向へ導くアクリル板,ポリビニルアルコールの偏光板,ポリエチレンテレフタレート製ベースのカラーフィルターなどです.これら膜の貼り合わせ面で気泡があったら問題ですの

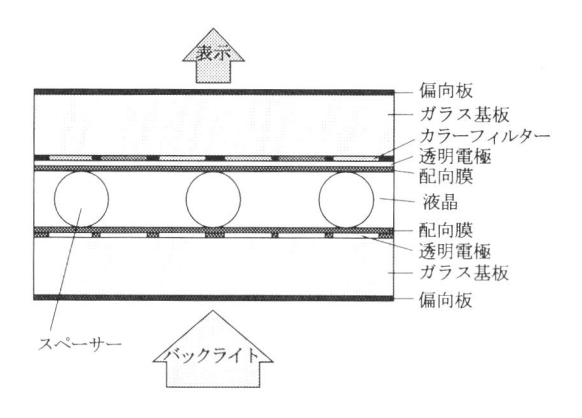

9章 電子を支える高分子－備えあれば憂いなし－

```
         ↑表示↑
    ┌─────────────┐── 偏向板
    │             │── ガラス基板
    │ ▬▬▬ ▬▬▬ ▬▬▬ │── カラーフィルター
    │ ─── ─── ─── │── 透明電極
    │             │── 配向膜
    │  ○   ○   ○  │── 液晶
    │             │── 配向膜
    │ ─── ─── ─── │── 透明電極
    │ ▬▬▬ ▬▬▬ ▬▬▬ │── ガラス基板
    └─────────────┘── 偏向板
    スペーサー  ↑バックライト↑
```

図6　液晶パネルの構造

で，薄い両面テープが多用されています．「のり」は，アクリル樹脂系，シリコーン樹脂系ですが，常に光にさらされ，熱もそこそこにやってきますので，耐候性が要求されることは言うまでもありません．最近では，意外なものまで両面テープで貼り合わせていて，接着のイメージも変わりつつありますが，厚みを一定にコントロールしやすく，乾燥などの後処理がないことが普及の理由でしょう．とにかくピタッと貼れて簡単にはがせません．ちなみに，ハイテク用途両面テープは，無塵室で製造され，専用機械で貼り付けるとのことです．両面テープで忘れてはならないのは，接着強度はもちろんですが，ひっつかない離型紙の開発がその向こうにあるということです．

照明と電子基板

いま照明機器に革命的とも言える変化が起こっています．LEDとELです．最近の技術のように思われがちですが，20年を越える長い準備期間があるのです．うたい文句は省エネルギーですが，同じ光量を得るのに消費電力が減れば，すなわち発熱量が減るという理屈です．温度上昇が200℃前後なら，少し耐熱性のある高分子材料にも出番が回ってきます．照明器具はガラスと碍子の牙城でしたので，この機にとばかり，プラスチックメーカーは照明機器用の樹

脂開発を進めています．発光体をサポートする部分と，光を通過あるいは散乱させる部分で材料は異なりますが，アクリル系，シリコーン系，ポリイミド系などしのぎを削っている状態です．ここでも材料開発が安全性を含めて普及に重要な役割をはたしています．熱が出る部分での長寿命化は高分子材料の課題の一つです．

　電子基板もまた縁の下の力持ち的な役割です．紙フェノールを経てガラスエポキシが主流ですが，携帯・カメラなどの小型機器にはポリイミド基板が用いられます．どうしても高絶縁という場合はテフロンも使われるようです．基板ははんだ槽を通過する際の熱ダメージが問題です．共晶鉛はんだから，鉛フリーはんだへ変わるだけで，材料側にかかる負担は相当なものです．とっくに確立した技術と思われても，20年程度の寿命しかないようです．材料開発に終わりがないことの見本でしょうか．

　安価なポリエチレンやポリプロピレンは絶縁材料として有力でありますが，成形性の良さがすなわち耐熱性の悪さになって，安全にかかわるような部分は使いにくいものです．基板上の細い銅配線では通電で100℃以上になることも珍しくありません．導体というよりヒーターです．ポリエチレンは融点が130℃ですし，可燃性も高いのでもちろん基板には使えません．ここでも目的に応じた材料設計に腕をふるう余地があるわけです．とかく先端電子材料を支えるのも先端材料で，新規なものが開発されると脚光も浴びますが，現実に普及するには想像以上の長い時間を必要とします．安全性や安定性も重要だからです．パソコンを買い換えるたびに，進歩の早さに驚かされるように，一見進歩は速そうですが，結局は技術を担っている人間の成長と同じ速度で進んでいるということになるのです．

寺田寅彦全集

　理科系の人間が古典を読む．これが閉塞感を打破する一助になるのではないかと考えて，各章で短くて定評がある本を紹介してきました．長くて読みこなすのは骨ですが，『寺田寅彦全集』は外せないと思い，ここに紹介します（図7）．

と言うよりも，あまりに有名すぎて内容の紹介は差し控えます．

技術が複雑化している現代こそ科学技術側からの発信が望まれる時代はありません．科学技術の発達と軌を一にして，エセ科学が跋扈するようになったのは，少なくとも専門家以外の多くの人間の理解力が減り，同時によき説明者がいなくなったためではないでしょうか．センター試験の監督をしていて，驚いたことがあります．英語を50人受けた教室で，物理になるとたったの2人という経験です．電気・機械・材料・建築などの力の源泉である物理が敬遠されるようになったのも，たぶん，進歩に心の整理が追いつかないためでしょう．心ある研究者・技術者は，寺田寅彦を目指して，自分の分野の伝道師をめざしましょう．プロとアマ（少し専門が違うとアマになるほどの細分化ですが）の差は，拡大するばかりです．

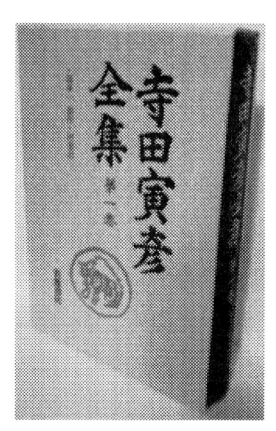

図7 『寺田寅彦全集』第1期全17巻の第一巻（岩波書店，第2次刊行，2009年9月発行）

とはいえ，筆者も『寺田寅彦全集』を買い求めてから，研究室の書棚に入れっぱなしで，「積ん読」状態です．もう20年にもなりましょうか．その間に，興味を示された方が3名おります．その中の1人は，中国の留学生で驚くべきことに半分ぐらい読んだのです．何か普遍的なことを感じるところがあったようです．中国人の心を知りたいと，筆者が言いますと，しばらく考えた末に，「寺田寅彦全集的なものはありませんが，『紅楼夢』が良いかも知れない」．ちょうど中国へ行く用事あったので，岩波文庫で12冊を買い込みました．とにかく登場人物が多くて，難渋した記憶があります．1980年代のまだ金権主義が台頭せず，長編小説など読むというゆとりがあった時代のことです．ちなみに，日本人の学生は，「難しいですね」といい，リピーターにはなりませんでした．

技術をよく見てみると，原理原則は昔から同じですし，進歩が激しいソフトウエアの世界も論理体系は初期と同じです．見た目の進歩に惑わされず，基礎的な部分を押さえておけば，正しい道が見えるのではないかと楽観していま

す．寺田寅彦先生の考え方も古びることはないでしょう．

　高分子研究者は，期待される高分子像に新しい機能を加えるべく，知恵を絞っているわけです．上記の期待に一つだけ性能を向上させること，たとえば熱伝導性だけを金属並みにして，後の性質は高分子的であるものができれば面白いのですが，あちらを立てればこちらが立たずで，一挙に解決できずにいるわけですが，相当なところまで来ていることは事実です．新規な材料開発の重要性は申しあげるまでもありませんが，期待される高分子像を裏切らないように既存の材料に一層の磨きをかけることも，「安全性・安定性」の観点からはむしろ重要な研究課題かも知れません．「備えあれば憂いなし」の精神ですが，「災害は，忘れた頃にやってくる」のです．

▶▶▶▶ ▶▶▶▶ ▶▶▶▶ ▶▶▶▶ ▶▶▶▶

ボルタ電池　イタリア西北部　コモ湖のほとりにボルタの博物館があります．実験に使われた幾つかの道具（再現品かも知れませんが）が展示されていて，昔の大研究者はやはり，相当な実験をこなしていることが判ります．教科書ではあっさりですが，コモの街は，絹織物とプリントで有名ですが，風光も明媚．

10 光と高分子 －百聞は一見にしかず－

透明性とは

　身近な高分子で,眼鏡とコンタクトレンズを忘れるわけにはいきません.もともと眼鏡(glass)はガラス素材でしたが,いつの間にか90％はプラスチックレンズになっているとの統計もあります.高分子材料は一般的に透明ですから,光を通す材料として,レンズ,窓,包装紙,ボトルなどに使われるのは当然です.透明な金属はありませんので,透明材料と言えばガラスだけでしたが,かなりの部分はプラスチックに置き換わって来ました.透明で,軽くて,丈夫だからです.

　ただ,プラスチック類は,見た目同じようなものが多くて,一般的になんでも「ビニール」と呼ばれるのもうなずけます.専門家でも見ただけで高分子種を当てることはできないぐらいです.透明な高分子でも,光学材料に適したものと,そうでないものがあるのです.実際は純粋の高分子を使うことは少なく,ブレンドして使う場合が多いので,「ポリマーアロイ」という研究者もいるぐらいです.光学材料もまた屈折率を中心とした性能をコントロール目的でポリマーアロイにするのです.

　果たして透明とはどういうことでしょうか.第一義は,もちろん我々が目に見えないことです.言い換えると,目に見える光を吸収しないということで,シリコンウエハのように目に見えない赤外光が透明でも真っ暗ということもあるわけです.分光学が発達して,ゲーテがいうところの「もっと光を」の光とは電磁波の「可視光」に分類される波長帯に属します.どうも学問をすると,学問が真理になって,「融点で溶ける」と言うようになりがちですが,「溶ける温度を融点と呼ぶ」というように現象が先にあることを忘れるわけにはいかないのです.「可視光だから見える」のではなく「見えるものを可視光」と呼ぶと

いうことです．電磁波は，波長の短い方から，γ線，X線，紫外線，可視光線，赤外線，マイクロ波の順です．可視光以外の光は，暮らしの中では直接その存在を知るすべはありません．紫外線は日焼けや，目の痛みなど少し遅れて身体の異常として影響があり，赤外線だけは暖かく感じるなど，我々も実感することはあります．携帯の電波であるマイクロ波などはどうやっても知覚することはできませんし，γ線やX線はほとんど通過してしまいます．その昔，X線が出ているかどうか手をかざした（多分あたたかくなるのでしょう）と聞きましたが，現代ではそれこそ「禁じ手」です．

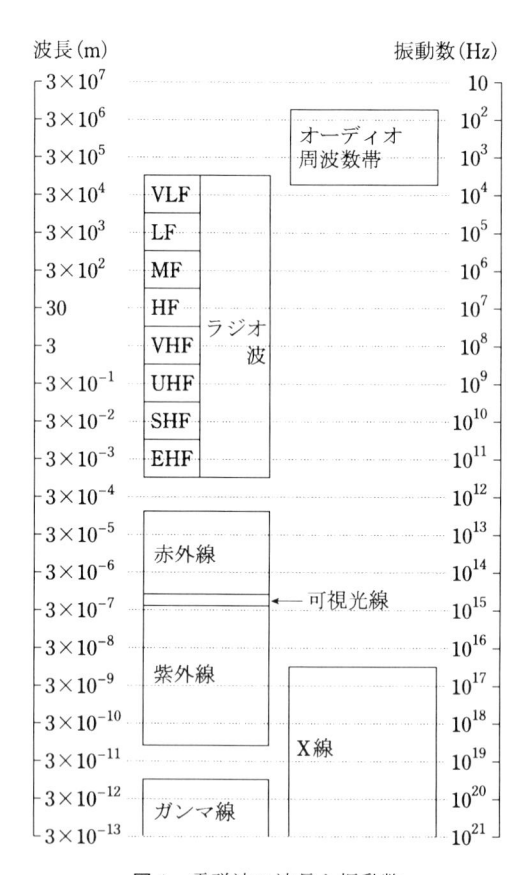

図1 電磁波の波長と振動数

さて，光を感じるには，視覚以外にも適当なセンサーを使いますが，我々と観察対象の間には通常空気が存在しますので，空気の透明度が一番の問題になります．図2は，透明か不透明か粗く表示したものです．意外とたくさんの吸収帯があります．これらは主にCO_2と水によります．赤外線域を見ると3〜5μm，8μm以上がそうですが，大気の窓と呼ばれる透明領域があることが分かります．ただし，高分子は人間と同じく有機物と水ですから，紫外線と赤外線には不透明なことが多いので，窓材やレンズとしての用途は可視光にほぼ限定されます．

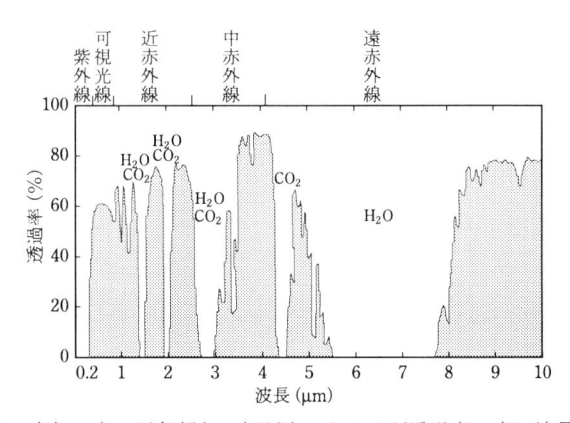

図2 大気の窓：灰色部分の幅が広いところが透過率の高い波長域．

アクリル樹脂

透明な高分子といえばなんと言ってもアクリル樹脂です．おしゃれな透明容器はまず間違いなくアクリルです．割れては困る用途の透明窓材料もアクリルです．透明で軽い材料ですから，航空機用の窓材料として開発されました．我が国では旧海軍のゼロ式艦上戦闘機の風防に採用されてから，ずっと軍需物資で民間に出回ることはありませんでした．破片でも貴重で，こすると良い匂いがするので，匂いガラスと呼ばれました．我が国のプラスチック黎明期のことです．

さて,光学系材料が重要なのはいつの時代でも同じです.光学用途の高分子として,透明度が高く固い材料いうことでいまでもアクリル樹脂が筆頭にきます.アクリル樹脂はいくつかの樹脂の総称ですが,その中でも,ポリメタアクリル酸メチル(PMMA)という樹脂が代表です.基本の分子構造が複雑で,しかも分子間に結合をつくりやすい官能基も導入されています.その結果,結晶のような規則的な高次構造を持ちにくく,どうしてもガラス状(非晶と呼ぶことが多い)になります.ヘリコプターの風防はもちろんアクリルです.あの大きな成形物ですから,いかに非晶性材料とはいえ,ひずみ無く成形するのは難しいとのことです.

　アクリル窓にはもう一つ有名なエピソードがあります.原子炉の中をのぞく窓材としての用途です.窓ですからどうしても内部では放射線が当たります.ガラス窓では,高エネルギー線照射で,欠陥が生じすぐに黒ずんで失透します.米国の原子力開発者は,最後にアクリルの窓を試して,どうにか内部をマニュピレーションできるようになったそうです.プラスチックは分解しやすいという先入観があったのでしょう.ただ,それが原爆製造にも一役買ったというのですから,なんと言うべきか.筆者も研究の都合上,コバルト60からのγ線を,ガラス容器に密封した高分子に照射してもらったことがあります.どの種類の高分子も,見た目変色も分解も全く感じられませんでしたが,ガラス容器は真っ黒になりました.プラスチック類は,γ線やX線には透明で,ごくわずかな相互作用しかないのです.ただし,そのわずかな反応が,分解開始点になり,絶縁破壊の基点になり得るので,原子炉用の高分子材料は慎重に研究されました.

　アクリル以外では一見透明ですが,微細な結晶があったり,異方性があったりで,光散乱や複屈折[注]が生じます.極端な例ですが,結晶性の高いポリエチレンなどは真白になるのが普通です.牛乳の容器に使っていることを思い描いてください.その他に,成形時に生じる残留応力による屈折率分布なども光学的な安定性を妨げることになり,適した高分子は意外に狭められるので

注)複屈折:光線がある種の物質を通過したとき,その偏光の状態によって2つの光線
　に分けられることをいう.

す.高分子は言うならば欠陥だらけの構造で,結晶性高分子といっても部分的でしかなく,一方で完全な非晶等方体を作るのも難しい材料です.ただ,これらの不完全さが,柔らかく加工性に富んだ高分子の特徴を与えているのです.

レンズとして

透明高分子は,当然レンズにも多用されます.ガラスの代替えとして発展していますが,CD,DVDの半導体レーザー照射用と反射読み取り用のレンズなど,新技術には当初から使われてきました.なんと言っても成形性がいいので,精度はともかく研磨工程が省ける分,安価で大量生産を可能にしているわけです.とくにフレネルレンズ(図3)など,簡易拡大ルーペ用や集光用にはうってつけです.

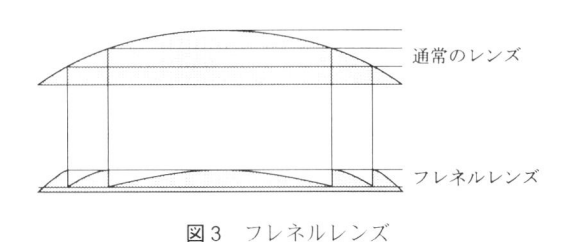

図3 フレネルレンズ

光学ガラスは望遠鏡を含む精密光学機器に使われますので,非常に重要な軍事技術でした.無機塩の調合による硝子材の屈折率の制御,研磨技術,レンズの組み合わせ技術,表面コーティング技術などですが.第二次世界大戦の終末期,アメリカ第二軍のパットン将軍は,ソビエトへの分割が決まっていた光学都市イエナに,麾下の一部隊を急行させました.タッチの差で先着し,カール・ツァイスとショットガラスの技術者を家族ごと,持てるだけの書類と共にトラックに乗せて,西ドイツ側に運び出しました.その時の決め台詞が「Take the brain!」だったそうです.「頭脳は頂き」とでも訳すのでしょうか.少し遅れて到着したソ連軍は地団駄を踏んで悔しがり,残された重い機械・装置類を全部持ち帰ったとか.それぐらい重大事だったということです.ネット上で,米軍

が撮影した戦後すぐの東京の航空写真が公開されていますが，極めて細密です．当時ですらそんな高性能ですから，今はどうなっているのでしょうか．

　高分子ガラスは，表面的にはそれほどの機密性もなく平和利用が主なように見えますが，無機ガラスを目標に，屈折率の異なる材料開発が盛んになり，レンズが作れるようになったことで設計の幅は広がりました．それよりも成形が容易な点を生かした，非球面レンズなどが簡単に作れると言う利点が生かされています．使い捨てカメラはもちろん，デジタルカメラにもプラスチックレンズは多用されています．多くは射出成形品ですが，容器をつくるような安易な成形ができないので，冷却固化などにはそれなりの配慮が必要なようです．旧世代のカメラ愛好家としては，プラ化は少し残念な感じはしますが，非球面レンズも自在ですから性能はとてもいいようです．

眼鏡とコンタクトレンズ

　単独のレンズではやはり眼鏡が重要です．世の中が見えないのは不安ですから．世界の大発明に老眼鏡を上げましたが，これで知識の蓄積つまりは科学の発展へつながったのです．眼鏡は数百年にわたってガラスと決まっていました．英語で眼鏡をglassと言うではありませんか．ところが最近の眼鏡の90％がプラスチックレンズです．表面の反射防止用多層膜コーティング技術の進歩，新素材の開発は目を見張るものがあります．使う立場からは，軽くて割れないので，安心して使えると言うことになります．眼鏡もそのうちplasticと呼ばれるようになるでしょう．

　プラスチックレンズも，当初はPMMAでしたが，屈折率が小さいので，度数が高くなると厚くなるという欠点がありました．現在ではポリカーボネート(CDの基材にも使われる，透明で丈夫な樹脂)の他，チオウレタン，エピスルフィドなど屈折率の高い樹脂が開発されています．高屈折の樹脂では1.7を越えるものも出来ているといいます．度の強い近視でも薄めのレンズになりました．屈折率をあげるには重い元素を導入するのですが，ポリマーでは主に硫黄原子が導入されています．眼鏡レンズをごしごし拭くと，硫黄系のにおいを感

じたことはありませんか.

　さて,コンタクトレンズはプラスチック抜きでは考えられません.原理的には古くからあったとしても,実際に市販されたのは1950年代で,PMMAを削りだしたハードコンタクトは固まりから切削したので非常に高価でした.ソフトコンタクトは1970年代,使い捨ては1990年代からです.材料も全く空気を通さないPMMAから改良され,吸水性のあるソフトコンタクトでは,ポリヒドロキシエチルメタアクリレートやポリビニルピロリドン,シリコーンハイドロゲル系などが使われます.共重合など出発原料の変化で性質を引き出す材料開発は相当の苦労があったことでしょう.

　コンタクトレンズでは,ポリマー一般にはあまり注目されない洗浄が,問題となります.いわゆるタンパク汚れが落としにくいという難題を抱えることになりました.洗浄方法もタンパク質分解酵素を使うなど多数提案されました.タンパク質に働きかけるのですから目に入っては大変です.そんな洗浄液で痛い思いをされた方も多いようです.そこで,いわゆる使い捨てコンタクトが登場してきました.製法は,削りだしではなく,射出成形で量産する方式です.コストは当然下がりますが,性能は大丈夫かなと思います.ソフトコンタクトは,最終段階で成形品を水で膨潤させます.この段階である程度なじみますがどうしてもラフなレンズになりがちですが,目の方で馴れてくれというスタンスのように感じます.見えはやはりハードコンタクトが一番とは,使用者の感想です.

色をつける

　もはや遠い昔になるのでしょうか,透明人間というコンセプトがはやった時期があります.荒唐無稽のキャラクターではありましたが,見えないことのメリットを最大に生かした活躍ぶりでしたが,どうしても可視化しないといけない場面もあって,つじつま合わせに苦労しているなという印象がありました.無色透明な材料にも,色をつけて可視化したいという用途もまた多いのです.衣料用繊維材料が典型です.ファッションは所詮色ですから.

合成プラスチックは染めにくいものです．従って，容器のような用途には，結晶化によって白化させて半透明のまま使うか，顔料を入れるかしてパステルカラーにした末端商品が多数見受けられます．塗装もまた乗りの悪いものが多く，プラスチック製品は，商品化に当たって，さまざまな工夫があるとお考えください．不透明にする，または色を付けるというのも重大な合成高分子のテーマでもあります．いまでも発色のよいセルロース系のような半合成樹脂が残っているのは，このあたりにも原因があります．化粧品ケースや万年筆のボディなどで綺麗な発色を見せているのは昔ながらのセルロース系樹脂です．話は逸れますが，花屋でラッピングしてくれる透明な包み紙は，未だにセロファンです．たばこの包装などに使われるポリプロピレンフィルムでは，残念ながらバラのお相手として役不足なのです．頼りないのです．セロファンは透明人間であり，あでやかな麗人にも変身できます．

合成繊維の代表はポリエステル繊維ですが，ポリエチレンテレフタレートという化学式で表される物質だけで作られるわけでは決してありません．トータルで100種類ぐらいの添加物が入っているという噂があるくらいです．酸化チタンなどの白化剤を始め，酸化防止剤，柔軟剤，顔料，重合触媒残渣などなどです．研究用には純粋なポリマーが必要ですから，研究者は添加物を除きたいと欲します．ポリマーを有機溶剤に溶かした溶液を，大量の貧溶媒中に滴下する再沈精製という方法を使います．何回か繰り返して，純度を上げるのです．ポリエステルをはじめ高分子の多くは溶媒に強く簡単に溶けないので，再沈精製も容易な操作ではありません．ようやく得たそれこそ貴重な純粋な高分子（と信じるようになります）を大切にしまっておくのですが，半年も経たないうちにぼろぼろになってしまった経験が一度ならずあります．高分子は安定な材料と信じていたのですが，何が悪かったのか未だにわかりません．

光ファイバー

電線は，電力を送る用途とシグナルを送る用途があり，街には2種類の電柱と電線がはりめぐらされています．これらは全部銅線でしたが，シグナル線

(電話線)は光ファイバーへどんどん変わっています．光ファイバーの素材はもちろん石英です．何しろ安定で透明度が高い材料ですから，高分子系の光ファイバーも開発当初から研究され，現在短い距離なら，PMMAでも十分使えることが実証されました．照明用，デジタル家電接続用，生産現場でのセンサーからのシグナル伝送用などにたくさん使われています．

最近では高速データ通信には近赤外線が使われるので，この周波数で吸収損失がなく，かつ散乱による損失のないフッ素系樹脂が注目されてきました．長距離伝送では及ばないもののコストと配線作業性に石英系をしのぐ性質があるため，すでにオフィスで使われ始めており，一般家庭へも展開されるでしょう．なにしろ，結んでも折り曲げても大丈夫という高分子の特徴を持っているのですから，自由度は相当高いと期待されています．

偏光と結晶化・配向

たびたび述べてきましたが，高分子材料の物性制御は，結晶性の向上と分子配向が鍵です．高分子は，分子が長いために分子運動が思うようにならず，完全結晶が構成できません．しかも工業的には急冷されるのがほとんどのため，金属の焼入れに似たアニーリング処理を施して結晶化させることもまれではありません．一方の配向は，圧延と同じように外部から力学的に変形を加えて分子を引きそろえる延伸操作が一般的です．両者とも高分子鎖の方向性がランダムでなくなります．

分子が長くとも部分的に結晶的なものをつくりますから，全体に対しての結晶部の比率を結晶化度(％で表示)と称して，物性の重要な指標として使っています．高分子科学独特の概念です．微結晶のサイズは，可視光の波長と同等であることが多く，光散乱因子として働きますから，ポリエチレンのような結晶化度が60％以上あるようなものは不透明になりがちです．PETも結晶性ですので，透明容器には使えても，レンズを造るほどの透明度はありません．

さて，炭素原子の結合した主鎖方向とその垂直方向では双極子と光の相互作用が異なるので，屈折率の差が生じます．複屈折と呼びますが，偏光顕微鏡で

結晶成長速度や配向度を算定できます．延伸配向は，引張方向が主鎖方向ですからわかりやすいのですが，高分子結晶は少し他の材料と違います．

　通常，高分子結晶は核から成長して，全体として球晶構造をとります．核からの成長は，金属などと一緒ですから，結晶化理論なども，金属学で発達した，たとえばアブラミ理論[注]などが用いられます．ただ，高分子球晶は透明ですから，透過型顕微鏡での観察が容易であることに加え，偏光を入射して観察すると色鮮やかに見ることもできるので，楽しい研究の一つでもあります．やはり目で見て確認することは大切なことだと思います．電子顕微鏡全盛でも，別の情報を与える光学顕微鏡は廃れることはありません．

　図4は生分解性高分子のチャンピオンであるポリ乳酸の結晶化と融解挙動を観測したものです．このポリマーも結晶性で大きな球晶を作ります．結晶化手順は以下の通りです．

　融液→130℃へ温度ジャンプして5分保持した後→140℃5分保持→150℃5分保持→130℃5分保持を繰り返します．この操作を何回か繰り返したのが図4(a)です．結晶化温度を反映して違う構造のリングになっていることが分かります．この球晶構造が結晶ではなく，核から微結晶を成長させてきた主鎖が成長方向（半径方向）に対して，垂直に並んでいることを示しているのです．X線的な結晶はもっと細かく，偏光顕微鏡では見えませんが，分子鎖のおりたたまった微結晶が，非晶とともに球晶内にある規則性を持って存在すると考えられています．

　こうしてつくった球晶の温度を一定速度で上げていくと，低温から順に，130℃，140℃，150℃の各温度で結晶化した順で融けることが分かります．つまり周辺から順に溶けるのではなく，結晶化温度が高い融点から上昇しているので，150℃で結晶化した部分は最後まで残り，図4(d)図のように細いリング状に残された構造になるのです．このように顕微鏡下で複屈折性が消滅する温度か

注）アブラミの式
　$\theta = \exp(-kt^n)$
　　θ：結晶化できる非結晶部分の残存する割合
　　k：結晶化速度定数，　t：時間
　　n：アブラミ指数（結晶核の形成機構と成長の様子により2, 3, または4の値をとる）

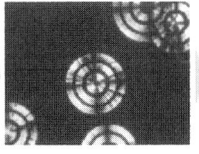

10章 光と高分子－百聞は一見にしかず－

　　(a) 165℃　　　(b) 167℃　　　(c) 170℃　　　(d) 173℃
図4　ポリ乳酸球結晶化と球晶の融解挙動．結晶化条件によって融点が違います．

ら融点を決めるのが本来の方法です．やはり目視は頼りになるのです．
　高分子の融点は，冷却速度や結晶化温度で，融点をある程度制御できます．微結晶の折りたたみ構造が，ゆっくり結晶化させると分子運動がしやすいので大きくなることで説明されます．いったん冷却固化した後で，融点より低い温度でアニーリングすると，結晶が大きくなり機械的な性質も向上する理由でもあります．

赤外カメラ

　高性能な赤外カメラは，長い間軍事技術として，秘匿されてきました．1990年頃，ちょうど東西の冷戦終結をうけて，高感度である量子型赤外カメラが日本でも入手可能となりました．なんとしても熱移動を見たいと思う筆者らも早速導入したのですが，戦闘ヘリコプターアパッチに取り付けられていた種類とのことでした．国防総省の許可を得るなど，戦争のにおいのするものです．研究の自由が保証されているとはいえ，軍事や戦争が，研究テーマへ介入してくるのは，いつの時代でも変わりなさそうです．今日でも経済戦争という形で，開発競争に巻き込まれているのだという認識を持つべきかも知れません．
　さて，赤外カメラには2種類あって，量子型というのは，半導体のバンドギャップの光起電力を利用したもの，もう一方は熱変換型といって，光吸収を熱に変えて観測するタイプです．
　前者は，高感度ですが高価であり，またノイズを軽減させるための冷却部を必要とします．量子型は，インジウム・アンチモン半導体型（図5）では3～5μmの赤外窓の波長帯，水銀・アンチモン・テルル型では8～13μm帯と，用いる

半導体によって測定の波長域が分かれます.ちなみに気象衛星には感度の高い量子型が用いられています.

赤外強度を温度と関係づけるのは,上記の波長帯での積分強度が温度とステファン-ボルツマン則で記述できることをよりどころにしています.赤外のこの波長域は熱と関係していますが,5〜8μmや13μm以上は,大気の吸収とくに二酸化炭素,オゾン,水蒸気の吸収が大きく観測できないのです.この大気の赤外線吸収が地球温暖化の原因の要因ともなっています.

後者の熱変換型は,非冷却タイプ(図6)で使いやすくまた安価ですが,少し感度が落ちるのと応答が遅いのが欠点です.しかし,最近のものは少なくとも30Hzのテレビ信号であるNTSC信号レベルでは問題ないようです.いずれのタイプも256×320メッシュなどのセンサーアレイで,シャッターを切った瞬間の赤外光量を同時測定し,逐次読み出すCCD方式となっています.

レンズも可視用とは全く違います.ほとんどのガラスは,近赤外までしか使えません.透明である必要がありますが,石英やサファイアは5μm以上の長波長側で不透明,アルカリハライド(岩塩など)などは赤外吸収スペクトル測定用の基材として使いますが,吸湿性はともかく屈折率が小さくて使えないの

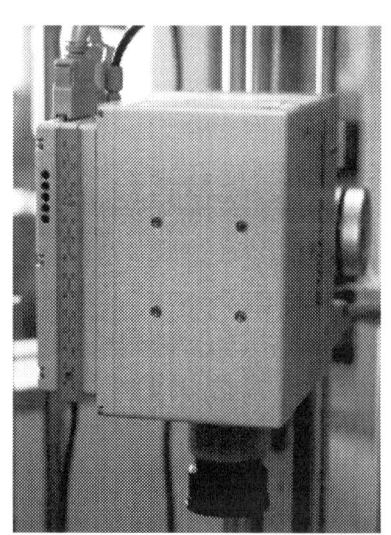

図5 インジウム・アンチモン
半導体型赤外カメラ

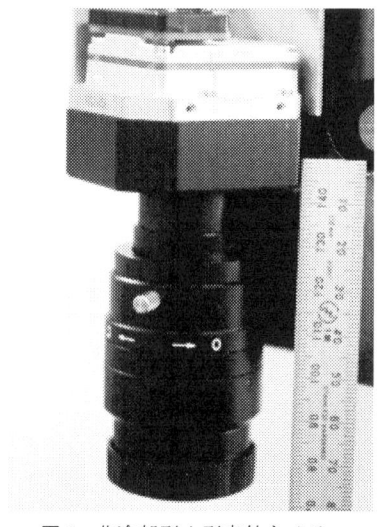

図6 非冷却型小型赤外カメラ
と顕微レンズ

です．

3〜5μm帯はシリコンとゲルマニウムが素材です．8〜13μm帯ではゲルマニウムだけとなります．組み合わせレンズは，色消しに屈折率の異なる2種のレンズを組み合わせて色収差をとるのですが，素材に選択幅のない赤外レンズは，どうしても高価なものになってしまいます．

図7 赤外レンズ：通常のガラスレンズは赤外線を通しませんので，専用のレンズを使います．ゲルマニウム，シリコン，などが使われ，収差を除くために非球面レンズもあります．写真の例のように非球面レンズでは，像の写りこみがゆがんでいます．

熱の可視化

ともあれ，赤外線カメラは熱の研究に新しい方法をもたらしたことは疑いようがありません．なんと言っても目に見えない熱が可視化されるのですから．しかも高分子や水などは，この赤外線帯では不透明ですから，観測対象に適しているのです．金属なども不透明ですが，輻射率が大きいので温度観測としての感度が落ちます．一方有機物は，黒体に近い材料なのです．赤外線カメラは，言い換えますと高速多点測定できる温度計です．試料の温度変化，発熱吸熱過程，熱の移動（熱伝導）などダイナミックな変化を2次元像として得られることに最大の特徴があります．カメラの出力が光量なので温度への換算など画像処理技術は必要ですが，次世代の熱分析機，熱物性測定機としての可能性

158　10章　光と高分子－百聞は一見にしかず－

を秘めています.

　図8は,筆者の研究室で開発した赤外高速型顕微システムで観測したタマネギを冷却固化する過程での発熱の様子です.冷却すると−8℃まで過冷却した後,急に凍りますが,その際,結晶化発熱をして0℃近くまで昇温しています.図8では白く見える部分が温度が高くなった凍りつつある部分です.しかも,凝固は全体的に起こるのではなく,細胞ごとに凍り,その潜熱が隣にも伝わる様子までもが観測されます.熱を伝えられた細胞は温度があがり,凍ることができなくなるので,細胞がランダムに凍る現象が見て取れます.しかも一つのピクセル約3μm^{2}を詳細に検討すると,凍るに要する時間がミリ秒オーダーと

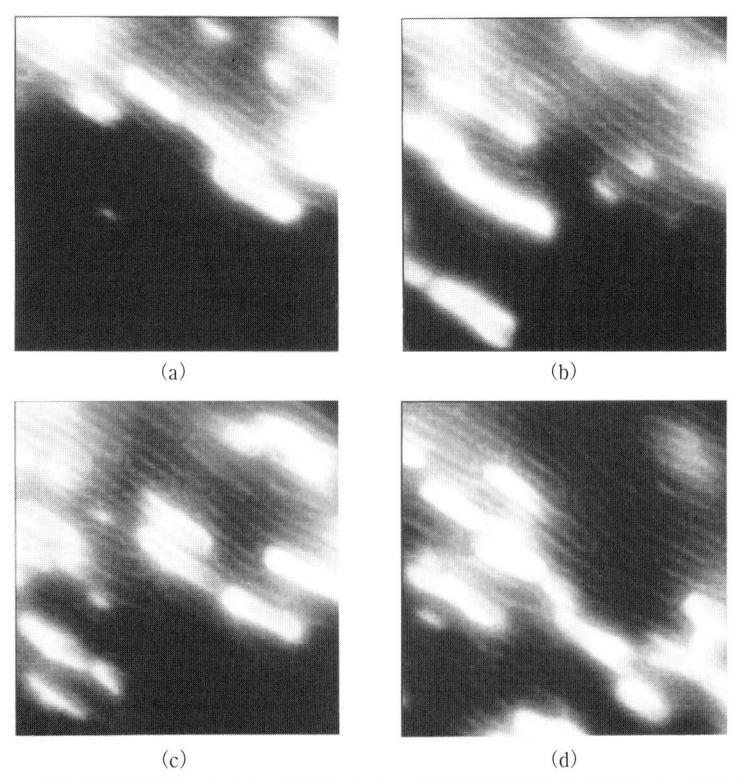

(a)　　　(b)
(c)　　　(d)

図8　赤外高速型顕微システムで観測したタマネギを冷却固化する過程での発熱の様子.時間経過は,(a)から(d)の順.白いところで−2℃,黒いところで−9℃,1画面:1 mm ×1 mm.

高速であることが分かります．

　熱もまた見てみる必要がありそうです．何事も「百聞は一見に如かず」です．従来の方法で納得していた「事実」も，実際に見てみると全く違っているかもしれないのです．

中谷宇吉郎著『雪』

　冬になるといつも新聞紙上に現れる，古くて新しい問題があります．インフルエンザと雪害です．名著として復刻された『雪』（図9）も，この雪害から書き起こしています．著者の大目的でいうことと理解します．研究者として何を対象にし，どのようにアプローチするか，それにはどういった手法を採用し，結果をどう生かしていくか，科学者としての作法について，平易に述べた自身の研究を踏まえて説いています．初版は1938年ですが，戦争突入の少し前にあたり，科学者が頭で考え，十分に考察できた時代の著作です．まさに現在でも十分に通用する内容となっています．

　研究が一定程度まとまって，仮に応用を目指して特許を申請したとします．その技術が商品として日の目を見るまでに約10年，現場で評価され受け入れられまで更に10年を要するというのが実感です．知り合いの弁理士が，「ちょうど特許が切れる当たりが，実際に使われる時期ですよ」と言ったこととも符合します．研究がある程度成果をあげて注目されても，社会で役に立つこととは別物です．頑張らないことには，使ってもらえませんし，時間もかかるもののようです．今の我々に必要なことは，「持続できる我慢する力」なのではないでしょうか．まだまだ解決

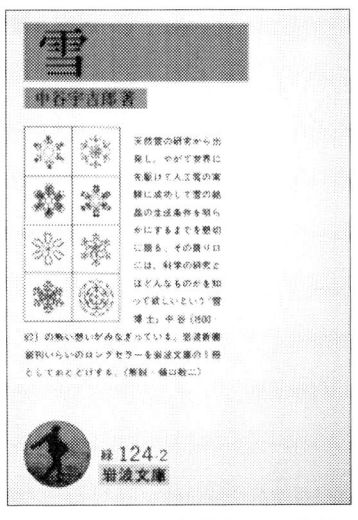

図9　中谷宇吉郎著『雪』の表紙カバー（岩波文庫）

されていない難解な問題は，先送りされて山積みになっているのです．

　我々の研究は，政府などの補助金に頼ることが多いものです．それも原則3年長くて5年ですから，熟成させるにもなかなか難しいです．政策は時代を反映し，テーマを設定しますから，ゆっくりと腰を落として研究をするというのが難しい時代です．

　雪を知るのに，雪を見ることに徹し，数千枚の結晶写真を撮ったといいます．まさに粘りと持続力の発揮です．データが集まれば集まるほど，新たな疑問が湧いてくるので,果てしない茫漠とした不安を憶えた経験を持っておられる方も多いのではないでしょうか．あっちに行ったりこっちに戻ったり，考えれば考えるほどそうなるのでしょう．テーマを3年ごとに変えるというのも，現実的な処世術と言うべきかも知れません．

　「研究という仕事は，一人の人間が一生を費やしてやっても到底かたづくような問題ではない．」と，中谷先生は慰めてくれます．

　締めも中谷先生にお願いします．「今日我が国において最も緊急なことは，何事をするにも，正しい科学的精神と態度とをもって為すことが必要であると言うことであろう．」

▶▶▶▶ ▶▶▶▶ ▶▶▶▶ ▶▶▶▶ ▶▶▶▶

北京の名物：秋寒くなった北京の長安街には，焼き芋売りが出ていました．このドラム缶の中はやはり石です．石は熱を遠赤外線として放出するため，芋の内部まで浸透すると中国でも信じられています．

11 食と高分子を考える
－彼れを知り己れを知れば百戦して危うからず－

食と高分子の密接な関係

　久しぶりに食料品スーパーをじっくりと覗いてみました．いつもは目的物だけの買い物です．入口から，果物，野菜，肉類，鮮魚が綺麗にパックされて並べられていて，いかにも購買意欲を誘う様にカラフルなディスプレイです．一部の果物を除いて，ほぼ例外なしにプラスチックで包装されています．プラスチックのほとんどは紫外線に不透明ですから，紫外線が見えるモンシロチョウの目と同じなら，中身が見えなくなって，途方にくれるでしょう．

　食の分野での高分子材料の利用は，生産者から消費者まで，いまや当たり前になっています．私たちが食べ物1 kgを入手するには，300 gとも400 gとも言われるプラスチックが使われるという試算があります．何のことはない高分子製品を購入しているということでもあるかも知れません．そのほとんどが石油から作られた工業製品であることを忘れさせられる状況です．これが資源の無駄遣いかどうかの判断は別として，衛生面の安心感は確実にあります．一体，昔はどうやって売られていたのか，もう見当もつかなくなる時代になりました．ポジティブな見方をすれば，高分子のトレーとラップフィルムが，現在に至る流通革命を起こしたことだけは間違いないというのが，スーパーを見て歩いた実感でした．高分子材料の一番の応用分野が，我々の最も身近で，最も重要な食料と密接な関係にあることを再認識したところで，本章は，食と高分子の関係を中心に眺めていきます．

　高分子材料は，あらゆる場面で，その軽さと透明性も加味されて，空気のような存在になっているようです．わたしたちは，包装を破って直ぐにゴミ袋に入れるなど，無意識に使うようになりました．ガラスや金属ならもっと慎重に扱うでしょう．高分子材料研究者の立場からは，日常のプラスチックは，テー

マに取り上げる華々しさに欠けるきらいがあり,ともすれば新機能を追求する側に回りがちですが,日常で使われる材料こそが重要であることは言うまでもありません.包装を中心とした高分子フィルムの分野は,日本が誇る製造技術が蓄積されている部分でもあります.メーカーでは,日々改善・改良に取り組み,省エネギーも相当進んでいるのです.レジ袋が薄くなったことにお気づきでしょうか.ポリエチレンの配向と結晶化の制御技術でより強いフィルムが製造されたことによります.

食に関する材料は,鮮度を保つ,保存をする,病害虫をプロテクトするなど,極めて戦略的であり,災害時の備蓄,不作や飢饉への備えは言うに及ばず,土壌の改質,軽量化による流通への影響など考える必要があります.レアアースの禁輸などとは比較にならない問題を内包しているのです.高分子フィルムは,長い経験・試練と研究に裏付けられた材料であり,今日私たちの生活を支える優れた戦略的な材料であるのです.いわば,「彼れを知り己れを知れば百戦して危うからず」の典型的な材料と言えるかも知れません.

食品包装用ラップ

合成高分子の最大の応用分野はフィルムです.延びやすいこと,透明であること,柔らかであること,安価であること,という性質を最大限利用した分野でもあります.食以外でも,記録材料,建材など多数の応用展開がなされていますが,酸化もしにくく安心して使える材料であることから,食品のラップフィルムとしての使用が最も多いようです.ラップフィルムの生産量でみると,特殊な用途を除けば,ポリエチレン,ポリプロピレン,ポリ塩化ビニル,ポリ塩化ビニリデン,ポリエチレンテレフタレート,ナイロン,セロファン,ポリビニルアルコールの順になります.どうしても短期使用になり,コストが問題になりますので,安価な汎用のポリマーが使われるのは当然です.それでも使い分けがあって,一般家庭用はポリ塩化ビニリデン(最近では,含塩素が嫌われてポリエチレンが増加中)ですが,スーパーで使われる食品包装用ラップは塩化ビニル系でやや厚めです.しっかりとひっつき,適度に丈夫なもので

ないと,指先でつつかれて破れることがあるからでしょう.たとえばラップの破れた刺身などは消費者に敬遠されそうです.ラップは,取り扱いの良さといった実際面の他に,衛生面からの心理的的安心感にも一役買っていることは想像に難くありません.

ラップ以外の食品容器に,密封型や弁当箱型があります.食品容器は,金型に溶融高分子,おもにポリエチレンとポリプロピレンですが,これを押し込む射出成形品が使われます.また,コンビニ弁当容器は,厚手のポリスチレンフィルムをプレス機で圧縮して成形します.最近の弁当容器は,さらに表面処理による結露の防止や電子レンジ使用を前提とした工夫も入っています.湯気の出るものでもふたに水滴がつかなくなったことに気がついていますか.

使用される高分子材料の変遷には,私たちもついて行けないのが現状です.省エネや環境へ配慮しているとはいえ,やはり現在の食品包装は過剰包装のきらいがあります.写真(図1)は,とある野菜をケースに入れて売っている様子です.人形ばりの扱いですが,こうしないと葉が傷むとか.偉くなったレタスというところでしょうか.

さて,フィルムの作り方ですが,いろいろあります.スーパーで使われるような薄膜は,溶融成形しますが,幅広の隙間から吐出させて引張って作るT-ダ

図1 野菜ケース

イ方式，溶けたストロー状なものに空気を吹き込んでふくらませながら引っ張るインフレーション方式があります(図2)．後者は経済のインフレと同じ意味で，無限に続く風船をたたんだ，袋状のもので，所々にミシン目やシールを入れると，レジの横にある巻物のポリ袋が出来上がります．

　消費段階を整理しますと，私たちはポリプロピレンの買い物かごに，ポリスチレンのトレーに乗った野菜の漬け物を塩ビでラップしたものを，丁寧に低密度ポリエチレンの袋に入れたうえに，セロハンテープでとめ，さらに高密度ポリエチレンのレジ袋に入れて買い物しているのです．家に帰ると，中身はあっという間に食べて，膨大な高分子系材料がゴミとして残ります．何とかならないかというネガティブな気分と，もしこれらが無かったらどうなっているのかという気持ちの混ざった気分に一時はなります．牛乳パックやトレーの回収運動が起こる背景もうなずけますが，根本的な問題は他にあるのでしょう．

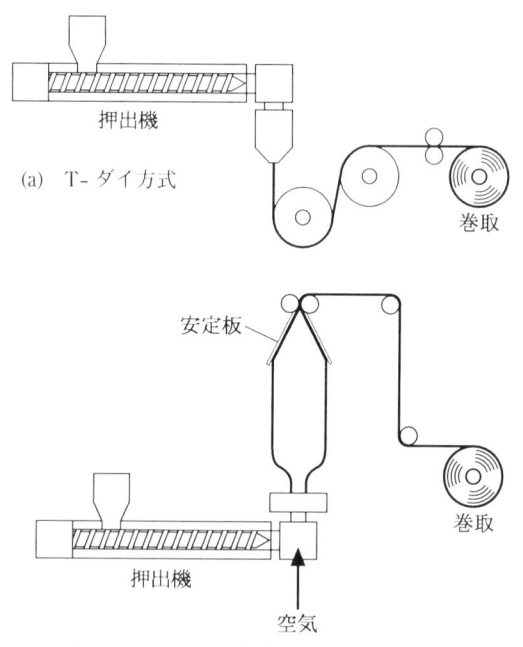

図2　フィルムの作り方

ラッピングのような単純な包装から,加工食品などの保存用にも高分子フィルムは使われます.防湿性,酸素遮断性,光遮断性,耐衝撃性などの複数の性質を要求されるために,複数の樹脂を組み合わせ多層膜(ラミネートフィルム)として使用されることがほとんどです.一例を挙げると,レトルトカレーは,ポリエチレンテレフタレート−アルミ薄膜−ポリプロピレンの3層のものが一般的のようです.

機能膜

通常の高分子フィルムはピンホールの無い均質な膜を「良し」としますが,それでも機能が完全とはいかず複合化することは前に述べました.それならいっそのこと,孔だらけにしたらどうか.成形性のよい機能膜になります.濾過用の膜としてです.簡単なものは,虫網や茶こし,もう少し細かいとゴミの袋,さらに少し細かいとコーヒーフィルターなどとなります.

機能性膜と呼ぶのは,もう少し細かな目のものを言うのが一般的です.家庭用の浄水機のフィルターなどを指します.この蛇口に付けるフィルターはポリエチレンの中空糸が使われているようで,要するに物理的なふるい的な役割です.浄水器用の繊維は,細かな穴の開いたもので,水分子は通るけれど,溶存塩素ガスは通さない,もちろん大きな細胞も原則通さない.あくまでもフィルターですから,目詰まりし,また長期的には細菌も繁殖しますので,清掃と交換は欠かせませんが,家庭でも立派に作業しています.

他の濾過膜(フィルター)素材

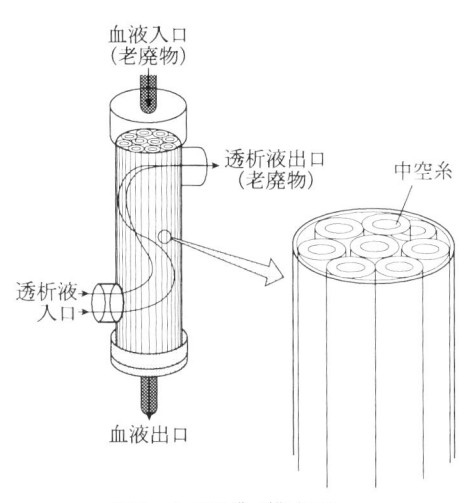

図3 人工腎臓(模式図)

には，ポリプロピレン，ポリカーボネート，フッ素系が使われますが，基本的に細かなメッシュで，細菌や場合によっては分子の類も止める働きがあります．この究極の機能的な応用が人工腎臓です(図3)．必要なものは透過させず，不要なものだけをこし出すことができるのです．余談ですが，人工腎臓に使われる細いファイバーの中をどうやって洗うのでしょうか．水だけでは高圧にしても上手く入りませんので洗浄できません．炭酸ガスを飽和させた水を吹き込んで，その吹き出す勢いを借りて洗浄するのです．知恵のある人は結構いるものです．

逆浸透膜

　さらに細かなものを止めるのは，逆浸透膜の出番になります．自然界にいろいろな膜が知られていますが，鶏卵の殻の内にある薄膜などは半透膜といいます．半透性とは，膜の両側に濃度が異なる液体があるとき，水分子が薄い方から濃い方へ移動する現象です．その際，膜内で生じる圧力を浸透圧と言います．もし，浸透圧と同等の圧力を濃い方に印加すると，水の流れは止まります．さらに濃い方に高い圧力をかけたならどうなるでしょうか．逆に水がにじみ出して来るのです．つまり，海水に半透膜を介して圧力をかけると水が滲み出てくることになります(図4)．もちろん完全な純水ではありませんが，海水の淡水化ができるのです．画期的なアイデアです．海水の淡水化は夢の技術とされてきました．従来は，蒸留だけでしたから，熱を使わない逆浸透現象の利用は効率がいいのです．この技術は日本企業に優れたものがあり，アラビア地

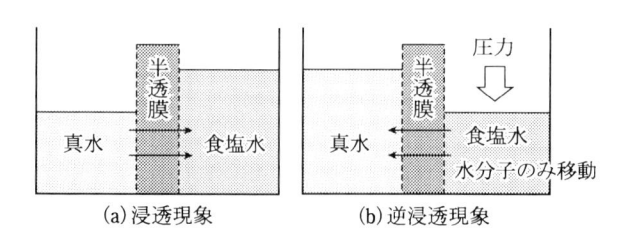

図4　浸透膜と逆浸透膜の原理

方に技術輸出されていることは周知のことです．

　逆浸透を可能とする膜を逆浸透膜といいます．その一つに，アセチルセルロース膜があります．フィルムの作り方に，上記の溶融法の他に溶媒キャスト法があります．アセチルセルロースは，融点を持たない熱分解型の高分子です．したがって溶融成形はできません．ただし，アセトンに容易に溶けるので，数％の溶液を作り，ガラス板上に薄く展開させることができます．これを乾燥すると，膜ができます．キャスト法と呼ぶ高分子フィルム作製の重要手法です．溶媒が飛びますので，抜け穴が残されることもあります．逆浸透膜はこの点を最大限利用します．まず，キャスト膜を空気中での脱溶媒をほんの少し行い，表面を硬化させます．スキン層とよばれる機能の付与です．まだ内部は溶液です．ついで，冷水にそっとガラス板ごと投入します．水とアセトンは完全相溶ですから，直ちに膜中からアセトンが抜けて多孔体が形成されます．ここで孔のサイズをコントロールするのが水の温度です．氷水にするのは，ゆっくり溶解させるためなのです．ガラスに接した面は表面硬化されていないので，孔だらけで分離機能はありません．つまりは，孔のあいた部分は力学的なサポートと水の輸送を担う部分になります．このような膜は非対称膜となりますが，キャスト法ではしばしば重要な機能を発現させることができます．

　現在の逆浸透膜は，耐圧性や寿命などを考慮して芳香族ポリアミド系多孔膜が使われていますが，分子レベルでふるい分けることができるため，海水の淡水化以外にたくさんの用途があります．その一つの濃縮を考えましょうか．濃縮は伝統的には，蒸発乾燥させる方法でした．塩田が代表的ですが，まずは天日で乾燥させ，ついで沸騰させて濃縮します．ただし，ジュースやワイン用のブドウ液はどうなりますか．煮てしまっては，風味が飛んでしまいます．ここでも逆浸透膜の出番です．「濃縮還元」と袋に明記してあるものもありますので，ただし書きに注目してみてはいかがでしょうか．

水を磨く

　水は，食料はもちろん生命体そのものにとって重要な物質ですから，機能性

を付与して安全な溶剤として使いたいという発想は古くからあります.そのためには,水の性質や特徴を正確に把握することは重要なのですが,これだけ分析技術の発達した現在でも,存外知られていないことが多いのです.具体的研究例として,筆者らの経験をお話ししたいと思います.目的の一つは,精密洗浄用途,もう一つは,食品の保存用途でした.

まず,水の洗浄力についてです.通常は,界面活性剤や酸・アルカリを添加して洗浄力を高めますが,そういったことが不可能な場所というのもあります.たとえば原子力発電所の炉心の洗浄などです.薬剤は腐食の原因にもなるからです.できるだけ水だけで洗浄できることに期待は意外と多いのです.水はあらゆるものを溶かす力があります.油だって少しなら溶かします.ですから「本物の純水」(表1)ならば,洗浄力が高いと考えられます.

表1　超純水と純水のめやす

	上水	純水	超純水
抵抗率（MΩ・cm）	0.002～0.02	0.2～15	16 以上
微粒子（個/cm³）	数千～数万	数百	100 以下
生菌（個/cm³）	20 以上	2 以上	1 以下
有機物（ppm）	1～5	1	0.5 以下

ところが,純水を作るのは容易ではありません.実験室的に純水と言えば,蒸留水かイオン交換樹脂を通した水を指します.この程度では,あまり効果がありません.わがプロジェクトでは,原水は東京都水道局の水道水としました.上記のフィルター類はすべて動員.もちろん逆浸透膜も使います.イオン交換樹脂,金属イオンを回収するカチオン膜と,マイナスイオンを回収するアニオン膜も3段階で使いました.このほか,膜に細菌が繁殖しないような紫外線照射装置,さらに最終段階でも漏れてくる有機物を光分解するための強力紫外線照射も行いました.減圧脱気装置もつけました.多分相当純度の高い水になったはずです(図5).

ここで問題です.確かに純度は高く洗浄力は向上しました.とすると,どうやって保存するのかということになります.実験室にある市販のパイレックス系のガラス容器では,不純物の流出が全く止まりませんでした.ポリエチレン

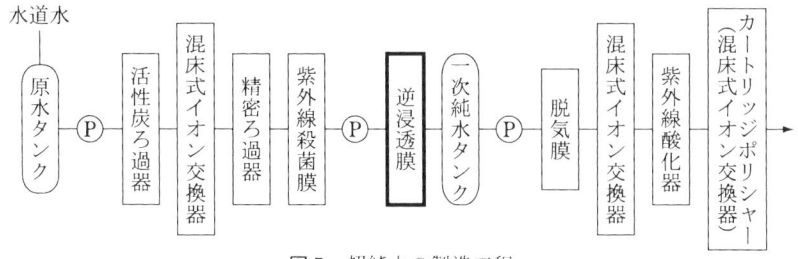

水道水 → 原水タンク → P → 活性炭ろ過器 → 混床式イオン交換器 → 精密ろ過器 → 紫外線殺菌膜 → P → **逆浸透膜** → P → 一次純水タンク → P → 脱気膜 → 混床式イオン交換器 → 紫外線酸化器 → カートリッジポリシャー（混床式イオン交換器） →

図5　超純水の製造工程

容器でも全然だめ．かろうじて石英容器は合格ですが，いろいろな配管や実験装置までは作れませんでした．こういった水への溶出がほとんどないものもまた高分子材料なのです．PFAと呼ばれるフッ素系の樹脂を用いなければならないのです．これも使い始めはフッ素が出ましたので使い古しを使うのです．ただし，PFAは効果的ですが高価です．こうして苦労して作った水も，高コストと不安定さで実験的な段階を越えることはできませんでした．導電率を測定したくとも溶出の無い電極がないのですから，評価技術の大切さは新たなチャレンジには不可欠という教訓は得られました．食の保存は低コストでなされなければ意味がないのですが，水だけで殺菌するなどで何とかしたいものです．現在，わが水磨きは，中断していますが，水は究極の溶媒であり，真のポテンシャルはまだ知られていない高みにあると信じています．

冷蔵・冷凍保存

　水といえば，食品の冷凍もまた水の性質との戦いになります．水は地球外の惑星からきた物質ではないかという説があるくらい，他の物質と性質が違っています．その典型が，凝固・結晶化すると体積が増える性質です．この膨張力は，水道管を破裂させるほど強力です．食物や生物を凍らせるとき，氷ができると，細胞膜，原形質膜を破ってしまいます．植物細胞は水分が多いので，細胞の氷結破壊によって冷凍保存が難しいのです．一方，動物細胞は，水分が少なく肉や魚が冷凍保存されているように比較的容易に凍らせることが可能です．食べ物としての保存は，一般に急速冷凍で氷を小さくする方法で対処して

います.冷凍がうまくできないものも多数あります.豆腐はタンパク質と水の混合物ですが,凍るとタンパク部分と氷に相分離して,溶かしても元に戻らず高野豆腐(凍み豆腐)になってしまいます.最近では,冷凍保存法も発展はめざましく,解凍後のおいしさまで踏み込んだ研究を踏まえて,食料事情に貢献しています.

　生命体を生きたまま凍結するとなると話は少々違ってきます.イクラの受精卵などを冷凍できますが,ふ化させることはまだ成功しておりません.ヒトの精子や卵子はサイズがイクラよりはるかに小さいことで凍結保存が可能になっています.ただし,冷凍保存するのは非常に難しいデリケートな技術です.液体窒素($-196°C$)に放り込むといった簡単方法では,生きたままで凍結することはできません.どうしても氷の成長が問題になるのです.通常は細胞凍結液(簡単にはグリセリンのような多価アルコールを不凍液として用いる)を使うなどして,上手く冷却する技術が開発されたのです.それぞれの対象に応じた適切な凍結液を用いることで,卵子も,細菌も,生体組織も保存できます.薬剤を使うことで過冷却状態を作りだし,結晶化出来なくしてガラス化することつまり氷核ができないので,損傷せず保存できるということになります.このように生きたままで凍結したいときは,食品保存とは反対に,ガラス化のための緩慢な冷却と,解凍段階での再結晶化を防ぐための急速昇温が推奨されています.溶かしてから薬剤を洗い流すのです.結構デリケートという意味がご理解いただけますか.

　この冷凍保存薬と温度制御手順は,万を超えるレシピがあります.凍結対象によって異なるからです.極めて戦略的です.冷凍庫程度では死滅しない細菌といえども,凍結は大ダメージで,変質せずに全部が生き返ることはないのです.病原体の冷凍保存はいざというときにワクチンをつくるため重要ですが,戻したら全部駄目になっていたでは済まされないのです.

　食料生産側から見ると,受精卵または植物の発達初期の細胞を保存することは,量産の面からは夢の技術です.また医療面では,現在不可能な人間の臓器の冷凍保存技術は,その夢のずっと先にあります.食品の冷凍保存と生命体の冷凍保存は,要は温度プログラムの制御,熱伝導の制御,細胞液,水の性質の

制御技術になりますが，これこそ次世代の戦略的なテーマの一つではないでしょうか．

農水産業分野での高分子

　食物の生産現場でも，高分子材料は不可欠になりました．シート，ビニールハウス，支柱，給排水のパイプなど東京近郊の畑ではたくさんのプラスチックが使われます．軽くて，腐らない，光を通す，低価格ですから，使われて当然ですが，無農薬栽培，管理農業，水耕栽培には不可欠でありますから，今さら元には戻れないでしょう．ここでもダイオキシンなどの環境問題によって，塩ビシートからポリエチレンへの転換が起こっているようです．

　高分子材料は守りの材料としてばかりでなく，吸水性ポリマーによる乾燥地での植林も時々話題になることもあります．高分子は水をはじく性質のものと，セルロース系に代表される吸水性のものがあり，食料管理では両方使い分けることは言うまでもありません．また発泡スチロールに代表される簡単で軽い断熱材は他にありませんから，冷凍品のみならず，野菜もポリトロ箱に詰められることが多いのです．果実の出荷段階でも，箱の底にはポリエチレンやポリスチレンのシートがクッションとして使われたり，一つ一つ包装がなされたりするわけです．それこそ高分子の普及する前はどうしたのでしょうか．

　農業もそうですが，とくに水産業では，保冷が大問題です．私は密かに，発泡スチロールの発明が，われわれにもっとも貢献したと思っております．第一に，高い断熱性能で魚の鮮度を保ったまま輸送できることです．軽いのは，輸送コストがどのぐらい軽減できているのでしょうか．以前は氷水につけて輸送するほかなかった魚介類も発泡スチロールのおかげで，どこでもいつでも食することを可能にしたのですから，比較の問題ではなく，全く新しい流通と食を提供した高分子といって良いと思います．山奥の温泉でまぐろの刺身が出てくるのはどうかと思うのは全く別問題であることは改めて申しあげるまでもないと思います．

食品容器と安全とゴミ問題

　ラップをはじめとした食品包装は,乾燥防止と腐敗を遅らせる役割を担っています．野菜などは,むき出しよりも2～3日は長持ちするようです．加工食品に至っては,数時間で乾いてしまいます．加えて,近年では乾燥剤のほかに脱酸素剤も登場して,保存期間が大きく伸びていることはご存じの通りです．人類最大の課題は食料保存にあると言えますから,高分子が現代社会に与えた影響ははかりしれません．農業生産の4分の1は,保存もできず流通できず,腐ってしまうという統計もあるぐらいで,適切な保存方法の開発は,農地の開墾に匹敵するのです．

　新しい材料ですから,いろいろと問題が生じたことも事実です．食べ物に直接触れるために,可塑剤が溶け出して環境ホルモンとして働くのではないか,野焼きなどの焼却時にダイオキシンを出すのではないか,いつまでも分解しないで魚や鳥に被害を与えているではないかと何度も疑われたのはその典型です．その都度対策が打ち出され,改善されてきていますが,ゴミとしてのプラスチックは未だに解決を見ていません．生ゴミ焼却の燃料としての位置付けを抜けていないと思います．

　環境問題を受けて,いまではPE,PPなどのオレフィン系が安全とされ,家庭内では増加の傾向にあります．プラスチックのコップがポリスチレン主流から現在ではPETが中心です．哺乳瓶もポリカーボネートだったものが,ポリフェニルサルフォンへ替わったりもしています．商品表示にプラスチック名が書かれるようになっていますので,カップ麺が出来上がる3分間にでもお読みください．スープを入った小さな袋まで,きめ細かく材料が使い分けられていることがわかります．

　衛生上の問題,特に細菌の繁殖と腐敗は,食品流通の大敵で,ほんの少し前までは豆腐による食中毒が多発していたのです．また,缶詰から袋詰めへの大転換もありました．おかゆのレトルトパックが1年以上持つというのも,当たり前になりましたが,すごいことです．プラスチック包装,容器は過剰包装の

そしりは免れませんが,安心感を与えていることも事実で,全体としてのエネルギーコストなどとのバランスを取るべきとの主張も,現実のスーパーの状況を見ると,途方にくれるばかりです.あるとき韓国に向かう飛行機から,対馬海峡を見下ろすと,無数のポリトロ箱が漂流している光景に出くわしました.なんとかならないのでしょうか.まだまだ技術と現実の不整合の調整は早急に解決したいものです.

孫子

『孫子』(図6)は日本人の間でも有名な書ではありますが,実際に原文を読み下した人となるとどのくらいおられるのでしょうか.案外解説書で済ましているのではないでしょうか.筆者もその1人ですが,信玄餅の包み紙を読んで,風林火山が武田信玄の言葉であると信じていたくらですから.

『孫子』は,著者も著作年代も異説があるようですが,現存する注釈本の最古のものが,三国志演義の英雄,魏の曹操(武帝)がまとめた「魏武注孫子」ということです.曹操と言えば,小説,映画,漫画などを通じてリアルなイメージを持てる歴史上の人物です.曹操が愛読したというより,案外,曹操の考え方を反映しているかも知れないと妙に納得したりします.現代中国も三国志の時代に例える向きもありますが,中国人には劉備は不人気で,曹操のファンが多いことを付け加えておきます.

『孫子』は,戦争の技術書という体裁を取っていますが,人生訓であったり,組織論であったりと読み替えたりされる訳は,本文が短くてくどくどしておらず,解釈の幅が広いということでしょう.何度か読み直して,気に入った一文を半紙に墨

図6 『孫子』の表紙カバー(岩波文庫)

書し，壁に貼れば良い研究ができるかなと思わせる力をもっている書物です．

　研究も製品開発も，国際間競争にさらされて，生き馬の目を抜くという時代に入りましたが，この2500年前とされる著作が，現代に十分通用するというのは興味深いことです．真理を追究しているはずの科学者が，個人としては昔からなにも変わってもいないことを証明されているようなものではないでしょうか．人間のやることは完璧でもないし，私たちの作りだした材料とも，また格闘しながら折り合いをつけていく．進歩とは過去の見直しを必然的に含むということでしょう．

　シベリアの極寒地に生える木々は凍っても死ぬことはありません．また春になると芽をふくわけです．上手く凍てつくからです．私たちは「それはね，不凍水をふくんでいるからだよ」と簡単に解釈しがちですが，人工的に再現できていないのですから，単純ではないことは明らかです．鳥のように暖地へ渡れない彼らは，英知を結集して，戦略的に水の性質を利用して，凍結というピンチを生き抜いているとしか考えられません．私たちも本質は水ですから，水を知らないで，水を利用することなどできない相談なのです．「知彼知自己者，百戦不殆」で臨むべきということのようです．

12 高分子の安全性を考える
−初心忘るるべからず−

　日本列島が揺すぶられているようです．2011年3月11日の大震災に遭遇して，地震予知や原子力発電といった国家レベルで力を入れてきた巨大科学にも再考の余地のあることが明らかになりました．人知を超えたといって，謝って済ませることができないことは明らかですが，技術的な限界と共に技術もまた経済と政治に組み込まれていることを再認識させられました．高分子材料の研究者としても大きな衝撃を受けましたが，高分子の安全性について考えてみたいと思います．材料の安全性は，機能性と同等かそれ以上の重要さがあることを思わざるを得ません．

　本書では，最先端の高分子材料をあえて取り上げてきませんでした．用途も，製造法も，また安全性も未確定な部分なしとは言えないと考えたからです．高分子に限らず，研究開発段階では，あらゆるポジティブな可能性の追求が先行して検討されますから，夢のような未来材料として発表されがちです．研究のモチベーションを保つのに重要ですから，場合によっては巨額の研究費や人員が投入されます．そういった場合は，期待を込めて「10年後の技術」ですと言うことが多いようです．期待された新技術はかならずしも実現するとは限りませんが，ほとんどの場合経済性をクリアできないことが主な原因です．

　市場に供給される高分子は，出発原料に由来する量的な制約があります．コストに反映されると言っても良いでしょう．現在は，石油（主に分子量の小さな留分であるナフサ）を原料としていますから，製造できる樹脂の種類も量もおよそ決まってしまいます．主な成分である，エチレン，プロピレン，ブテン，ブタジエン，ベンゼンなど芳香族ですが，これらをベースに各種モノマーが合成され，さらに重合される高分子は，ポリエチレンとかポリプロピレンなどと基本的な生産比率が決まってしまいますが，いくつかの元素の組み合わせ，組成比，結合形式などをコントロールすることで多岐にわたる分子構造が作り出

されることにもなります．ポリマーアロイ，共重合，架橋，分子量制御などと呼ぶ微妙な構造制御によって，目的に応じた物性の微調整が行われるのです．高分子材料を細かく分類しようとすると，それこそ無限です．例えば「ポリエチレン」と同一の樹脂名で呼ばれても，メーカーや用途によって，1000のオーダーの種類があります．さらに，加工段階で，熱処理や力学加工（延伸配向や結晶化）などを施すことで物性を制御していることを述べてきました．このような高分子化学の発展の中で，創意工夫されて身近な高分子として，私たちの暮らしを支えています．

安全性をもっと高めて

　高分子は私たち人間にとって安全な材料として受け入れられています．子供がぶつかっても大丈夫な程度の柔軟性，軽くて丈夫，変形や成形がしやすいなどの特徴と，繊維，フィルム，容器などの生活空間から，歯科材料，医療材料などでも無くてはならないものになっています．

　問題点は，劣化が意外なほど早いこと，燃えやすいことになりましょうか．緩衝材に使われるスポンジがぼろぼろになったり，1年以上使っていた庭のバケツがいきなり割れたりした経験をお持ちでしょう．もちろん劣化は高分子の種類などによって異なります．ポリエチレンとポリプロピレンは見た目にも同じ姉妹樹脂で生産量もほぼ同一ですが，エチレンガスとプロピレンガスがナフサからほぼ同量出てくることに由来します．たとえば，ビール瓶をいれるプラスチックケースは，両者でほぼ同量作られています．日本中で1億箱以上もありますから相当な量です．最初は区別がつきませんが，年月がたつと，ポリプロピレン製は表面がはげ落ちるようになります．表面が劣化して粉落ちするためです．ポリプロピレンは優秀な樹脂で，あらゆるところに使われていますが，光劣化が比較的早いのです．主鎖を構成する炭素原子には4つの結合手が存在しますが，すべての手が違う相手を持つものをアルファ（α）炭素といいます．これが劣化しやすく，ポリプロピレンには，両側の結合とメチル基，水素がついたα炭素があるため，ポリエチレンより解重合が速くなるためです．

劣化の事例として,ほかにも文化財の保存に使われた樹脂があります.壁の剥離を防ぐ目的の表面固定用接着剤が劣化して困っているという記事もしばしば登場するようになりました.高分子は製造直後の性能はすばらしいのですが,長期の性能維持は難しい材料なのです.やはり少し過信があったのでしょうか.多くは酸化,光劣化による分子量低下が原因です.重合に使う触媒の残渣などが,逆に分解触媒としての作用をもつことも指摘されています.麻布や漆などの天然の高分子素材が,合成樹脂よりも長持ちすることが多いのですが,このあたりに改良のヒントがありそうです.

　プラスチック類は,有機物ですから燃えやすい材料です.これはゴミ処理などでは有利としても,発火・火災の問題を常に抱えることになります.身近な高分子ではなおさらです.最近の省エネルギー時代に,建材用途などの断熱材材料として,ポリウレタンやポリスチレンなどの発泡高分子はきわめて有効ですが,発泡によりいっそう燃えやすくなるわけですし,難燃剤を使えば燻って有毒ガスの害が出るという別の問題が出てきます.火災対策は,常に重要な研究テーマとなっています.

　また,燃えやすいということでは,衣服の袖にガスコンロの火が移って,やけどで亡くなるという悲劇が後を絶ちません.綿製品にホウ酸を含浸させることで燃焼を減少させる実験をしたことがあります.比較的無害な方法ですが,洗濯で落ちてしまうので処理が毎回必要なことなどの面倒さのため,普及にはあと一歩です(火災防止は,建材を中心に様々の工夫がなされていることも事実です).

　材料は使い方次第と言う面があります.薬と同様,運用次第で毒にも薬にもなるのです.これも科学者の問題というより,行政をふくむ運用の問題に重点が移ります.啓蒙を含んだいわゆる科学コミュニケーションの問題といえるかも知れません.科学技術全体が発達すると,ブラックボックス部分が増え,わかりにくくなります.今日的な問題として,全体を見渡して説明できるサイエンス・コミュニケーターといった存在が必要なのではないでしょうか.サイエンスライターでも,新聞社の科学部でも,出版社でも,あるいは大学などの研究機関の広報部などの充実が,風評被害や,誤用などを防ぐ意味でも重要な役

割を担うことになりそうです．一方的な情報源であるインターネットから，一歩進んだ「正しいフィルター」を通した情報の発信が，マスコミによる啓蒙活動に期待されるところです．ほとんど基礎研究，開発研究と同等の重要性を持っているといっても過言ではありません．研究者が研究室にこもって，専門誌に論文を書いていればよかった時代から，社会との連携を視野に入れるべき時代へ移行する時が来たのです．

寿命予測

　消費財としてのプラスチック耐久財の安全性は，材料の寿命予測にかかります．自動車メーカーや電機メーカーなど耐久財の品質保証の観点から，一番問題となる高分子の寿命予測は重視されています．実際の製品を，天候の厳しい沖縄やアメリカのアリゾナに置いておくという実際的な暴露試験もありますが，材料試験レベルでは，促進試験がどうしても必要になります．促進試験は，多くの場合，温度を高くして反応速度を速めて行うことで代用します．解析は最もシンプルな指数関数的な式を用いて推定するのですが，湿度，水，光，振動，摩耗，繰り返し疲労などの複合的な環境因子が影響を与えますので，定式化のむずかしい分野の一つです．環境パラメータとともに先に述べたように高分子は同じ物が無い位の種類の多さが災いして，推定を難しくしているのです．それでも，新規素材のデータを集めることで寿命を予測する評価方法の確立は絶対不可欠です．

　各種のプラスチックスの開発当初は，高分子は空気中で安定な柔軟材料ということから，特に電気絶縁に多用されてきました．大発展したのは戦後からで，とにかく大量に使われ始めました．1980年ごろのことです．蛍光灯や変電所で封止材として使われていたエポキシ樹脂が，20～30年ほどたって劣化し発火するということが多発しました．当研究室の天井照明も発煙して，大騒ぎになりました．そもそもエポキシ樹脂が使われていることも知らず，どうして燃えるのかということすら思い浮かばなかったという不明をはじるばかりですが，正確な知識の伝達も材料開発の付帯事項となっている事例です．現在で

もコンデンサーの劣化による発火があります．製品に寿命があることを忘れるわけにはいきません．太陽電池，新型蓄電池，有機ELなどで新規材料開発も盛んですが，当初の機能は計測できますが，過酷な環境下での10年後の性能を予測して作る必要があるのです．われわれには最低でも「10年後」を見た技術開発が求められているのです．

省エネルギー照明の切り札として出てきたLEDなどは，低いとはいえ発熱があります．つまり，周辺の高分子系の材料は意外と高い温度で使用されることになり，発火防止や劣化防止のためにも，熱伝導率測定などから熱設計をきちんとすることが絶対だろうと思います．

これからますます盛んになる医療用の高分子材料開発では，とりわけ安全性が第一優先になります．そのためには，機能を維持する力学的性質と熱的性質は，すべての機能に優先してチェックしなければならないのですが，材料の発展と軌を一にして，計測技術・評価法も開発する必要があり，広く使われるなら，どこでも使える省エネルギー型の装置であることが絶対です．さらに測定法は，ISOやJISといった標準化がなされて初めて，材料開発との連携が完結するのです．

基礎的な計測技術は，今日ではあたかも確立したように見えます．しかし，それは一握りの人，機関でしか扱えないものでは，身近な材料の評価とは無縁なものでしかないでしょう．研究の目的は，安全な生活のためというのが一番です．いろいろな機関で安全性試験，寿命予測が行われていますが，材料を取り囲む環境は様々ですから，もう少し重視されても良い分野ではないでしょうか．

巨大な地震の影響

天災は忘れた頃に，想像を絶する形で現れました．東日本大地震の被害は甚大ですが，津波でさらわれる家がわずか数秒でばらばらになる様子を見て，自然のすごさと，科学技術を使った文明の弱さに呆然としました．防災の街として観光名所になった街の，津波に備えた巨大な防潮堤を過信したばかりに逃げ

遅れたという数多くの犠牲者，放射能にさらされて作業する人々．「安全」を予測した研究者の無念は痛いほどわかります．1000年に一度の地震を予測できなかったと言いますが，これは学問あるいは学者の敗北なのでしょうか．シジフォス神話，賽（さい）の河原の石積みなどの不条理を描いたことを思わせる光景です．家の上に船が乗っかるなんて，シュールレアリズム絵画でも題材にしないような写真が，無常観を漂わせているように見えました．

　避難場所の映像を見て，まずはプリミティブな衣食住の確保だけが問題になったように思えます．シート，マット，毛布，発泡スチレン，食料包装，はては防護服まで，恐らくはありきたりの高分子材料だけが黙々と役目を果たしていたようです．発泡スチレンにお湯をため，そこからくみ出しては，足をあたため，頭を洗う光景を，遠く東京の研究室で見ていると，高級装置群が華奢なものに見えてきました．実際，各研究機関で膨大な測定機器が破損したのです．

　日本の科学技術は，殖産興業を旗印に，欧米の近代科学と技術を導入してきました．当初は，いわゆる和魂洋才と称して技術は便法だとしてきました．留学生を多数派遣し，外国人教師を招いて必死に近代化を急ぎました．そのかいがあって，鉄道，郵便，通信，製鉄，電灯などは，後進国にあって驚異的に早く導入されたようです．その段階では，教育も研究もひたすら導入技術を消化する技術者をコンスタントに継続的に供給させるのが工学部の役割となりました．百数十年たった今でもビッグプロジェクト方式で，官が主導する方式が多く，個々の研究者の個性が出にくい方式が続いているのです．前の研究成果がまだ出ないうちに，次年度の研究計画と予算案を勘案し，ポスドクなどの手当まで手配する必要があるのです．しかも研究費の用途は，極めて形式的なもので，研究者には苦手とすることでもあります．研究者の才能を，研究へ振り向けられないのが実情です．このあたりは30年前に発行された科学技術政策の確立に関する日本学術会議の提案書などにも明記されています．今年は津波の映像を見ながらの予算申請書作製でしたが，余震のためか頭の中がぐるぐると回るように感じられました．

　福島原発のトラブルに関する情報もまた連日報道され，巨大科学の破綻を見

た想いがします．産学官連携で進めてきた巨大科学の，巨大たるゆえんを見る思いです．パニックを防ぐためにも，「安全です」を連呼せざるを得ないこともまた想定内なのかもしれません．ただし1000年に一度の想定外の被害のせいだというのは科学への信頼を失うだけしょう．巨大科学への信頼も，巨大地震に打ち砕かれてしまった格好です．原発現場をみると，わが国が誇るロボットの出動はなく，目につくのは，ナイロン製の白い防護服に身を包んだ作業員であり，飛散防止用に水溶性樹脂の溶液を撒く動作であり，ポリエステル製の海洋カーテンと言った，比較的ローテクに頼っているように見えます．現代技術は，まだ未完で，後世に自慢できる段階ではないようです．原発事故は一種のカタストロフィーですが，少なくとも行政や研究側が明治以来の研究の進め方について再検討する機会になることを願うものです．

循環型の社会

　熱力学の基礎を確立させた科学者を一人あげるとなると，フランスの技術者サジ・カルノーをおいて他にないでしょう．熱を煮炊きや暖房でなく，機械エネルギーへ変換できるというカルノー論文は，蒸気機関の熱効率の改良に応用され，その後の世界を一変させたのです．基本はエネルギー変換の循環に関する理論です．しかし，カルノーは，いわゆるアカデミズムの人ではなく，生前に発表されたただ一つの論文も学会から完全に無視されたそうです．当時のフランスアカデミズムは，ラグランジュ，ラプラス，フーリエ，ゲイ・リュサック，アンペール，ポアソン，デュロン，ルジャンドル等々のそうそうたるメンバーというのですから，よほど先進的で傑出していた考え方だったのでしょう．そして1832年36才の若さでコレラで亡くなると，関連資料もすべて焼却処分されたとい言いますし，熱力学の発展が25年は遅れたとも言われています．まさに突然現れ，忽然と姿を消した天才ということになります．天才は忘れた頃にやってくるのでしょう．

　現代の物理化学系の教科書には，カルノーサイクルの画が必ず載っています（図1）．教科書は必ずしも学問の発展順ではありませんので，なぜカルノーサ

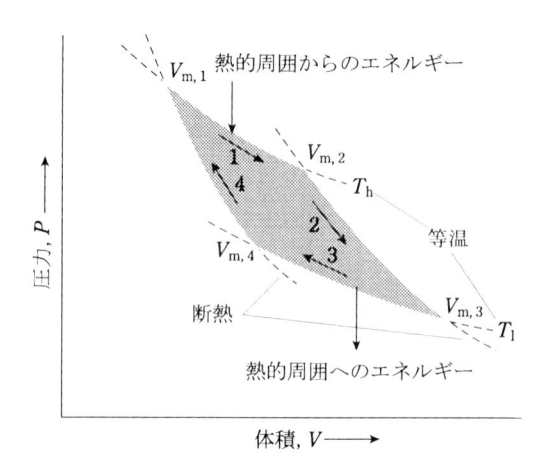

12章 高分子の安全性を考える－初心忘るるべからず－

図1 P-V座標上に示したカルノーサイクル

イクルが重要なのか，初学者にはよくわからないものです．熱力学は簡単記述ですが，概念が難しく，教えるのも難しい分野ですが，金属などの材料を扱ってからまた教科書を読むと，きっと理解できると思います．温度，圧力計測から始まって，比熱，相転移，熱膨張，熱伝導へ広がった熱学の大家連中でも理解できなかったのですから，凡人には一夕一朝では難しいということでしょう．

要は，熱エネルギーと力学エネルギーの変換と循環を理論的に考察したもので，原子力発電も，熱エネルギーを力に変え，更にタービンを回して電気に変えるのですから，効率を考えるとき，カルノーサイクルで理解することが原則になります．省エネルギー技術は，ワットの蒸気機関以来，カルノーの考えを得て，変換効率の改善を通じて進歩を重ねてきたという長い歴史があります．

プラスチックのリサイクルもおおいに発展してきました．まだ金属のようには行きませんが，エネルギー源としてのリサイクルを加味すれば相当量が有効に使われていると言っていいと思います．何しろ昔は，エチレンガスなどは採掘現場でただ捨てられていたのですから．本格的なリサイクルとなると，高分子を元の石油に戻さなければ循環型の安定した社会材料には到達できません．現状では，流通を含めて余計なエネルギーを使うことになるなど，意識上はともかく経済性をクリアできていないのが実情です．消費財としてのプラスチッ

クは,まだ発展途上と心得るべきでしょう.

神々の黄昏

　筆者が研究者への道を踏み出したころ,安給料をはたいて,ワグナーの楽劇「ニーベルングの指輪」を買い込みました.フルトベングラー指揮の全曲盤レコードです.名曲名盤ということで,どうしても聞いてみたいと思ったのです.20数枚組(曖昧ですが)のLPボックスは,ずしりと重く,いかにも重厚でこれが文化なのだと実感させられたものです.赤いレーベルとエンジェルマークが,今でも脳裏に残っています.が,とうとう全曲を聴いたことが無いままに,友人の手に渡ってしまったのです.未通針の盤もかなりありました.第一内容がよくわからない.どこを聞いてもモノローグとオーケストラの演奏という同じことの繰り返しで,直ぐに眠くなってしまいます.ワルキューレの騎行の部分しか繰り返して聴かなかったように記憶しています.レコードをひっくり返すのが,面倒だなあという横着者に文化は似合わないということです.

　その名盤がCDボックスとして,驚くべき安価で発売されていました.ずいぶんと小さくまた安くなったものです.よせば良いのに,つい陳列棚に手が伸びて買い込んでしまいました(図2).最近気に入っているCDオートチェンジャー(300枚も入ります)に13枚の全曲を放り込んでおきました.案の定,一

図2　「ニーベルングの指輪」のCDジャケット

枚聴いたきりで，そのままでした．

　大震災の後遺症で身動きがとれなった日に，散らかった本やら小物やらを整理していたのですが，CDの連続演奏がちょうど「リング」に差し掛かりました．そのまま流しながら，延々と片付けをしていたのですが，気分的にあっていたのでしょうか，そのまま聞き続けました．夜中になって「神々の黄昏」の中の有名なジークフリートの葬送行進曲が鳴り始めて，ようやく終わりの方だと分かりました．手を止めて，しばらく曲に集中したのです．なぜ神々の黄昏なのか，重く引きずるような曲から，わかったような気になりました．完全性を信じていたものが，何らかの抗しがたい力で滅びること．リングは，ゲルマンの創世記と言うべき3〜4世紀のブルグント王国の滅亡の記憶が伝承された話をベースにしているのですが，滅亡と共にまたゼロからの出発という循環型にも読み取れるようにもなっています．欧米知識人に，働きかける何らかのメンタリティがありそうです．一度「我慢して」聴いては如何でしょうか．

　わたしたちは，西洋の技術と抱き合わせで西洋の文化も受け入れてきました．生活の根底をなしていた暦すら西洋暦に変えて，当時のアジアの諸国から嘲笑されたとも聴きました．それでも昔の人は，和魂洋才といって粋がったものですが，それもどこへやらという現代の風潮ですが，ほとんど無批判で導入した末の原発事故は起こるべくして起こったのでしょう．自分たちの考えに基づく，適切な解決案を持ち合わせないまま，どこかで「みんなで渡れば怖くない」的な行動パターンの結論でもあります．価値観の外部委託ではなく，個々の研究者が，自分のために，自分で考えて，自分の言葉で発表する，昔のスタイルにいったん戻す，リセットのチャンスかも知れません．論文一本で決めたカルノーは格好いいですね．

　リヒアルト・ワグナーは，ドイツ帝国の滅亡を意識しながら曲を書き，ウイルヘルム・フルトベングラーはドイツ第三帝国の滅亡の鎮魂曲として指揮棒をふり，遠く極東と呼ばれる国で，ある種の科学帝国の衰退を感じながら聴くというのは，少々感傷に過ぎましょうか．

風姿花伝

　筆者も幼少時には，漠然とですが科学者になりたいという夢があったようで，宇宙ものを読み，時計を解体して叱られながら，理科系への進学を目指すことになったのですが，そんな好奇心旺盛な子供も次第に紋切り型知識の正確な記憶を強要されて，勉強嫌いになりました．事情は今もかわりません．

　逼塞した現代の教育システムや研究システムは，依然米国などをモデルとしており，若い研究者に，論文の粗製濫造を強い，資金獲得のために応募用紙を埋めるための時間を使わせる状況は，現代科学の黄昏というべき事態と思います．はたしてどうしたらいいのか悩みはつきません．カルノーのような若い技術者が，颯爽と登場するような時代に憧れてばかりでも解決には至りません．

　少し日本の文化に触れ直そうと，『風姿花伝』（図3）をもう一度読み直しています．著者の世阿弥は，能の完成者とも言うべき室町初期の人ですが，才能故に苦労も多かったようです．有名な「初心忘るるべからず」は，本書ではなく

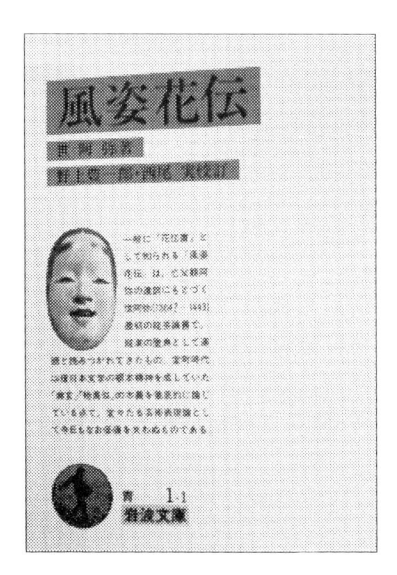

図3　『風姿花伝』の表紙カバー（岩波文庫）

別の書物に出る言葉ですが，初心を貫く信念が得られるのではないかという，淡い期待から原文で読みました．『風姿花伝』は15世紀初頭に書かれた能楽の聖典としてばかりでなく，日本の古典的名著の一つに数えられます．世阿弥は，能役者という一種の芸術家ですが，一方で技術者であると教えてくれます．花を科学者の才能，芸を成果としての科学技術におき変えて読み込むと，驚くべき示唆に富んだ書物であることがわかります．世阿弥いわく「稽古は強かれ，常識はなかれ」と．

私たちの目的が安らかな社会の構築であるならば，専門の狭い知識に囚われることなく，常識に固執せず柔軟にというと，どこまで行けば良いのかと言うことになりますが，どこまでも研鑽を積めということでしょうか．

まとめ

新規材料開発は，ある特定の機能だけを取り上げて喧伝してもしょうがありません．材料を論じるとき，学問上の知見に加えて，人間を含む環境との調和，コスト，回収方法，後処理技術まで見渡した経済的または政治的なことまで含むことを，もう少し自覚すべき時代に入ったのでしょう．いろいろな材料が，広く使われるようなったのは，欧米から学んだマニュファクチャリングの成果です．十分にアセスメントの済んだ材料は，安価で安定的に供給されて，私たちの身近で実際に使いこなされ，生活を豊かにしてきました．

消費財としてあるいは耐久財として，短期間でこれほど一般化した高分子材料ですが，筆者の専門分野である熱・熱伝導の立場から見ても，まだたくさんの課題が残っています．材料を正しく選択し，正しく計測して，正しく使うことは，なによりも材料を知る研究者・技術者の技量と思想にかかっている部分が多いわけですから，各個人が，科学を志した初心を忘れずに，自らの頭で考え，独自の提案をしていくことが重要という当たり前の結論にしか達しないようです．

あとがき

　人類にとっては新顔に属する高分子材料でも，安全を確認するには相当の手順と時間が必要でした．つまり学習してきたのです．たくさんの研究者・技術者が知識を共有し，造りだし，また修正するという膨大な作業を繰り返して，今日の基本材料としての高分子があります．以前はどうしていたのかと解らなくなるほど普及したのは，データの蓄積と公開のたまものです．新規に開発された多数の高分子材料は，それぞれの特徴に見合った使われ方をされており，特に点数化された上下関係にはありません．石油という原料が決まれば，自ずと生産できるプラスチックも決まり，その中で最適な棲み分けになっているわけです．

　教育では，学習達成成果として採点するのが習いです．誰しもが学期末になると通信簿に一喜一憂した記憶を持っているはずです．最近では教員もまた評価点がつけられ，さらには大学にも偏差値とか，世界ランキング点など注目されたりもします．何事も点数化することがはやりですが，もう少し人間的は方法がないものか．点数化は，ある種の価値観・固定観念に，思考が限定されてしまうことにつながるのではないでしょうか．研究の質は，有名雑誌に掲載されたかどうかではなく，後世で有用だったかどうかという評価が重要です．

　材料も，DDT，サッカリン，PCBやフロンの様に，開発当時は，有益万能と思われたものでも，一夜にして悪玉に転じた例も多数あります．人間の生活を脅かすようなものは，できるだけ排除しましょうというのが，判断基準の大きな柱のようになっています．本当は，個々の特性を比較するよりも，うまく御して使いこなすシステムとしの考え方がますます重要になるでしょう．

　どうしたら安全なのかと．危険から遠ざかるという基本を守ってばかりいると，いざ危機が来た場合にどうにもならないことにもなりかねません．大学の初学教育にとると，学生の安全に配慮して，金属ナトリウムの扱いとか，ガラス細工などが消えて，パソコン関係などへ移行していますが，はたして本物の専門家を育てることになるのか考えどころです．ナイフを扱ったことのない，やけどをしたことのない，ましてや感電経験の無い工学研究者が，危険を乗り越えて，安全に導いてくれるのでしょうか．

知識集積は，ネガティブな結果も含めて重要です．知識は書籍で蓄積された訳ですが，スイス東部の街ザンクト・ガレンに，グーテンベルク本が多数残されていることで有名な修道院付属図書館があります．遙か先にボーデン湖を望む高台の上に立っています．人里離れているので，戦禍を免れたのでしょうか．内装も立派で，古い手書きの彩色本なども展示され，知の殿堂と呼ぶに相応しい佇まいです．ここに座った学者がどんな気持ち本に立ち向かったのか．ジャン・ジャック・アノー作品である映画「薔薇の名前」に描かれた世界のようでもあります．書物の内容は全く解りませんが，知の蓄積・伝承への尊敬は，なみなみならぬものが感じとれ，西洋文明の発展の出発点を見た気がしました．

　ポルトガルの学園都市であるコインブラという街にも立派な図書館があります．丘の上に，教会とか大学とか密集しているところがあって，そこの付属図書館です．ポルトガルが力を持っていた15世紀から収集した多数の書物が収められています．やはり世界へ飛び出すには知の力が必要だったのでしょう．両図書館ともに，世界遺産に登録され，今では観光名所ですが，こういった古い図書館的な考え方は，姿をかえてインターネットの中を巡っているわけですが，往事と比較にもならない情報量を使いこなすには，どうすべきなのか，21世紀の我々真摯に考えてみる必要がありそうです．材料を作りだすのも，使いこなすのも人間ですから．

付録　SI単位

量	単位記号	量記号	SI基本単位
角度（平面角）	rad	$\alpha, \beta, \gamma, \theta, \varphi$	m/m
長さ	m	$l, (L)$	
面積	m^2	$A, (S)$	
体積	m^3, l, L	V	
時間	s	t	
角速度，角周波数	rad/s	ω	
速度，速さ	m/s	u, w, v, c	$\mathrm{m \cdot s^{-1}}$
加速度，（重力加速度）	m/s^2	$a, (g)$	$\mathrm{m \cdot s^{-2}}$
周波数	Hz	f, ν	$\mathrm{s^{-1}}$
振動数，回転速度	s^{-1}	n	$\mathrm{s^{-1}}$
質量	kg	m	
密度	kg/m^3	ρ	
運動量	kg·m/s	p	$\mathrm{kg \cdot m \cdot s^{-1}}$
力	N	F	$\mathrm{kg \cdot m \cdot s^{-2}}$
重量	N	F_g	
力のモーメント	N·m	M	$\mathrm{m^2 \cdot kg \cdot s^{-2}}$
トルク	N·m	M, T	
圧力	Pa, N/m^2	p	$\mathrm{m^{-1} \cdot kg \cdot s^{-2}}$
応力	Pa, N/m^2	σ	$\mathrm{m^{-1} \cdot kg \cdot s^{-2}}$
粘度	Pa·s	η, μ	$\mathrm{m^{-1} \cdot kg \cdot s^{-1}}$
表面張力	N/m	σ, γ	$\mathrm{kg \cdot s^{-2}}$
エネルギー	J	E	$\mathrm{m^2 \cdot kg \cdot s^{-2}}$
仕事	J	$W, (A)$	$\mathrm{m^2 \cdot kg \cdot s^{-2}}$
熱力学温度	K	$T, (\Theta)$	
セルシウス温度	°C	t, θ	
線膨張係数	K^{-1}	α_l	
熱，熱量	J	Q	$\mathrm{m^2 \cdot kg \cdot s^{-2}}$
熱伝導率	W/(m·K)	$\lambda, (\chi)$	$\mathrm{m^2 \cdot kg \cdot s^{-3} \cdot K^{-1}}$
熱伝達係数	W/(m^2·K)	$K, (\kappa)$	
熱容量	J/K	C	$\mathrm{m^2 \cdot kg \cdot s^{-2} \cdot K^{-1}}$
比熱容量	J/(kg·K)	c	$\mathrm{m^2 \cdot s^{-2} \cdot K^{-1}}$
電流	A	I	
電荷，電気量	C	Q	$\mathrm{s \cdot A}$
電界の強さ	V/m	E	$\mathrm{m \cdot kg \cdot s^{-3} \cdot A^{-1}}$
電位	V	V, φ	$\mathrm{m^2 \cdot kg \cdot s^{-3} \cdot A^{-1}}$
静電容量，キャパシタンス	F	C	$\mathrm{m^{-2} \cdot kg^{-1} \cdot s^4 \cdot A^2}$
誘電率	F/m	ε	$\mathrm{m^{-3} \cdot kg^{-1} \cdot s^4 \cdot A^2}$
電気分極	C/m^2	P	
電気双極子モーメント	C·m	$p, (p_e)$	
電流密度	A/m^2	$J, (S)$	
抵抗	Ω	R	$\mathrm{m^2 \cdot kg \cdot s^{-3} \cdot A^{-2}}$
インピーダンス	Ω	Z	
コンダクタンス	S	G	$\mathrm{m^{-2} \cdot kg^{-1} \cdot s^3 \cdot A^2}$
抵抗率	Ω·m	ρ	
導電率	S/m	γ, σ	
磁界の強さ	A/m	H	$\mathrm{A \cdot m^{-1}}$
磁束密度，磁気誘導	T	B	$\mathrm{kg \cdot s^{-2} \cdot A^{-1}}$

付録　10 の整数乗倍を示す SI 接頭語

倍数	名称	記号
10^{-1}	deci	d
10^{-2}	centi	c
10^{-3}	milli	m
10^{-6}	micro	μ
10^{-9}	nano	n
10^{-12}	pico	p
10^{-15}	femto	f
10^{-18}	atto	a
10^{-21}	zepto	z
10^{-24}	yocto	y

倍数	名称	記号
10^{1}	deca	da
10^{2}	hecto	h
10^{3}	kilo	k
10^{6}	mega	M
10^{9}	giga	G
10^{12}	tera	T
10^{15}	peta	P
10^{18}	exa	E
10^{21}	zetta	Z
10^{24}	yotta	Y

索　引

アルファベット

ABS（アクリルニトリル・ブタジエン・スチレン）樹脂	36
CD（コンパクトディスク）	33
CMC（カルボキシメチルセルロース）	50
FRP（繊維強化不飽和ポリエステル）	19
IC封止材	68
ISO認定（温度波法）	86, 95
LD（レーザーディスク）	32
LED	68
PAN（ポリアクリロニトリル繊維）	107
PC（ポリカーボネート）	33, 150
PE（ポリエチレン）	2, 7, 131, 134
PEN（ポリエチレンナフタレート）	25
PET（ポリエチレンテレフタレート）	20
PFA（ペルフルオロアルコキシフッ素樹脂）	169
PMMA（ポリメタアクリル酸メチル）	32, 148, 151
PP（ポリプロピレン）	7
PTFE（テトラフロロエチレン：テフロン）	133
PU（ポリウレタン）	134
PVC（ポリ塩化ビニル）	31, 134
PVDF（ポリフッ化ビニリデン）	37, 135
T-ダイ方式	163

五十音順

ア行

アクリル樹脂	147
アクリル繊維	107
アクリル窓	148
アセチルセルロース	31, 49, 167
アブラミ理論	154
アルファ（α）炭素	176
イオン交換膜	137
印画紙	57
インフレーション方式	164
飲料容器（金属，ガラス，PET）の比較	26
液晶ディスプレイ	140
エピスルフィド	150
エポキシ樹脂	110, 178
エレクトレット	37, 135
延伸	9, 23, 153
温度波法	83, 95
温度波測定装置	91

カ行

可視光	145
楽器の代替え	36
活性炭	107
カーボン・カーボンコンポジット	110
カーボンブラック	110
ガラス（非晶）化	148, 170
ガラス転移（温度）	22, 23
カルノーサイクル	181
カロリック（熱素）	64
気相ダイヤモンド	107
機能膜	165
逆浸透膜（RO膜）	50, 166, 167
キャスト法	167
吸湿（吸水）	137
球晶	154
吸水性ポリマー	171
キュプラ（ベンベルグ）	50
共有結合	2
屈折率の高い樹脂	150
グーテンベルク（印刷術）	51
グラファイト	103
グラフェン	106

グルコース	46	繊維		116
結晶化	8,22,154	繊維素		122
光学用途の高分子	148	線材		134
高次構造	6	染色		118
合成繊維	152	側鎖		2
高分子型燃料電池用膜	137	束縛水		137
高分子ガラス	150			
高分子鎖の配列模型	7		**タ 行**	
高分子の分類	4,5	ダイヤモンド		102
高分子量	3	対流		73
小型テスター型温度波測定装置	91	炭酸ガス		24
コピー機の原理	139	炭素		99,106
コンタクトレンズ	151	炭素材料		102
コンデンサー	134	炭素繊維		107
		断熱材		74
サ 行		チオウレタン		150
再生繊維	48	着色		152
再沈精製	152	中空糸		50
ジアセテート	49	超純水		168,169
治具	93	定常法		79
シグナル線（電話線）	152	電子材料		131,142
湿式紡糸	108	電磁波		146
主鎖	2	電線		152
寿命予測	178	伝熱		68
純水	138,168	透明性		145
照明と電子基板	141	透明な高分子		147
食品容器	172	トリアセテート		49
シリコーンハイドロゲル	151			
浸透圧	166		**ナ 行**	
スピーカー	37	ナイロン		10,36
静電気	138	ナノカーボン		106
赤外カメラ	155	ナフィオン		137
赤外高速型顕微システム	158	ニトロセルロース		30,49
絶縁材	136	熱エネルギー		63,65,78
絶縁性能	131	熱拡散長さ		85
絶縁破壊	136	熱拡散率		12,85
接着剤	68,140	熱拡散率測定装置		91,93
セルロイド	49	熱可塑性樹脂		2
セルロース	45	熱線法		81
セロファン	50	熱伝導率		75,98

索　引　　193

熱伝導測定法	79
熱の可視化	157
熱の本質	63
熱物性データベース	11
熱変換型（非冷却型）赤外カメラ	155,156
熱膨張	63
熱力学	64, 65

ハ行

配向	8,9,153
発泡スチロール	171
発泡ポリウレタン	74
パーリング	22
半透性	50
半透膜	166
光音響効果法	83
光ファイバー	152
非球面レンズ	150
非晶性高分子	9
ビスコース	50
非定常法	81
標準化（測定法の）	86
フィラー	61,69
フィラメントワインディング法	110
フィルム	49
フェノール樹脂	48
複屈折	148,153
複合化	110
プラスチックのゴミ問題	172
プラスチックボトル（容器）	17
プリフォーム	21,22
フレネルレンズ	149
ブロー	22,23
フロン	74
分岐	2
分極	132, 133
平均自由工程	75
ペットボトル	20
ペレット	21,22
偏光	153

ポリアミド系多孔膜	167
ポリイミド	6,134
ポリエステル繊維	21
ポリオレフィン	36
ポリカーボネイト	150
ポリ乳酸	154
ポリヒドロキシエチルメタアクリレート	
	151
ポリビニルピロリドン	151
ポリマーアロイ	145

マ～ラ行

水の洗浄力	168
無極性高分子	133
眼鏡	52,145,150
メルトインデックス	3
有極性高分子	133
誘電性	131
溶融成形	163
ラッカー板	30
ラップフィルム（食品包装用）	162
リユースとリサイクル	25,182
量子型赤外カメラ	155
冷却	67
冷凍保存	169
レコード盤	31
レーザーフラッシュ法	82
劣化	176
レーヨン	50
レンズ	149
ロウ管機	30
録音	30
ロックインアンプ	85
ロッシェル塩	37

著者略歴

橋本 壽正（はしもと としまさ）
1971 東京工業大学理工学部卒業.
現在 東京工業大学大学院理工学研究科教授.
工学博士.
専門：高分子熱物性，熱計測工学.

高分子こぼれ話 ― ペットボトルから，繊維まで ―

2012年 4月15日　初版第1刷発行

著　　　者	橋本　壽正 ©
発　行　者	青木　豊松
発　行　所	株式会社 アグネ技術センター
	〒107-0062 東京都港区南青山 5-1-25 北村ビル
	TEL 03 (3409) 5329 / FAX 03 (3409) 8237
印刷・製本	株式会社 平河工業社

Printed in Japan, 2012

落丁本・乱丁本はお取り替えいたします.
定価の表示は表紙カバーにしてあります.

ISBN 978-4-901496-63-6 C0058